U0791043

当代生态经济文库(一)

生态经济学的研究进展

——理论篇

徐中民　程国栋　著

黄河水利出版社
·郑州·

内 容 提 要

本书内容包括生态经济学学科理论进展、规划的理论进展、学科建设理论进展和总结展望四部分。全书系统全面地反映了中国科学院寒区旱区环境与工程研究所近十年来在生态经济研究方面取得的理论进展。

本书可供从事生态经济、经济地理、环境经济、资源经济、教育学等相关学科的教学、科研人员以及政府有关部门的决策人员参考。

图书在版编目(CIP)数据

生态经济学的研究进展:理论篇/徐中民,程国栋著.—郑州:黄河水利出版社,2012.9

ISBN 978-7-5509-0352-4

Ⅰ.生… Ⅱ.①徐… ②程… Ⅲ.①生态经济学-研究 Ⅳ.①F062.2

中国版本图书馆 CIP 数据核字(2012)第217602号

出 版 社:黄河水利出版社

地址:河南省郑州市顺河路黄委会综合楼14层　　邮政编码:450003

发行单位:黄河水利出版社

发行部电话:0371-66026940、66020550、66028024、66022620(传真)

E-mail:hhslcbs@126.com

承印单位:郑州海华印务股份有限公司

开本:787 mm×1 092 mm　1/16

印张:11

字数:254千字　　印数:1—1 000

版次:2012年9月第1版　　印次:2012年9月第1次印刷

定价:45.00元

出版前言

当人类跨入21世纪的时候,科学研究的方式发生了很大的变化,已经进入了多学科交叉和团队协作研究来解决全球性重大问题(如全球变暖、生物多样性损失、环境污染、水土流失等)的新时代。生态经济学作为一门倡导从最广泛的角度来理解生态系统与经济系统之间复杂关系的新兴交叉学科,最近十多年来得到了迅速的发展,其在可持续发展的定量衡量、环境政策和管理、生态系统服务评价、生态系统健康与人类健康、资源的可持续利用、集成评价和模拟、生活质量及财富和资源的分配等方面的研究取得了突破性进展,对理解和解决环境问题做出了巨大的贡献。

个人能否成才通常取决于智商、情商、健商和机遇等许多因素,其中健商最为重要,"一个人做对的事情比做对事情更重要"指的就是一个人要有健商。一门学科的发展与此有许多相似之处。我国西北地区经济发展落后,生态与环境脆弱,从生态经济的角度来理解环境问题的病因、探询生态系统与经济系统和谐发展的机制、找寻积极而有效的行动对策措施,无疑是正确的方向。在知识创新和文化创新的背景下,中国科学院寒区旱区环境与工程研究所与兰州大学、西北师范大学等高等院校的一批对生态经济问题有浓厚兴趣的青年科研人员自发组织成立了一个学习型生态经济研究小组。该团队以五项修炼(自我超越,改善心智模式,建立共同愿景,团体学习和系统思考)为加强自身个人修养的要旨,目标是为解决西北地区突出的生态经济问题做出自己的贡献。这说明生态经济学科在西北的发展已经具备"智商"、"情商"和"健商"的基础,所缺的只是"机遇"。在西部做事比东部难、机遇少是当前不争的事实,但要认识到机遇只垂青于有准备的头脑,我们需要创造条件,等待机会。切莫在机遇来时,因自身条件限制而不能抓住,空悲叹。

如何创造条件?科研有它自己的规律,讲求厚积而薄发,"十年铸一剑"。任何学科的进步,都是靠一代又一代人的积累。没有旧知识的积累,就不会有新知识的拓展。对我国生态经济的发展而言,现阶段的任务主要是学习国际上的"开山斧法"。由于我国目前生态经济学科发展与国际前沿存在较大差距,要想顺利通过面前的"文献山",跟上国际前沿,找到国际上生态经济研究的"开山斧"著作,并将它翻译介绍进国内,是一种很好的厚积斧头的方式。

当然我们不能仅满足于掌握国际上的"开山斧法",我们的最终目的是拥有自己的"开山斧法",也就是要做出自己的创新成果。从现阶段的实际情况来看,要开创自己的"开山斧法"困难重重,但只要大家能静下心来,好好演练国际上生态经济研究的"开山斧法",并以十年铸一剑的毅力和勇气,持之以恒,在不久的将来定能拥有自己的"开山斧法"。

希望通过大家坚持不懈的努力,在不久的将来能在研究范围、研究内容、研究方法和手段等方面跟上世界生态经济研究的前沿,甚至能在一些方面结出自己的思想之果,引领风骚。

春风拂柳，拂昔追远，迎着朝辉，充满希望。

我和大家一起瞻望中国生态经济研究的未来！

2006 年 10 月 16 日

自　序

1994 年，中国科学院寒区旱区环境与工程研究所就开始了生态经济方向的研究，至今已有 17 个年头，其中取得了突出的成绩，但工作中也不乏失误之处。何去何从，当然要根据历史的经验、现实的情况和发展的结果来综合判断。生态经济作为一门新兴的学科，在我国现在面临前所未有的发展机遇。国家的“十二五”规划非常重视资源环境问题，突出强调经济和环境协调的科学发展思路。发展结果如何，现在还难以预断其成败，但可以肯定的是，成败与否取决于为之奋斗的人的选择和成效。为了成生态经济之大，站在国家“十二五”开局之年的岁末，对本所生态经济方向的研究工作进行总结，以期能抚昔追远！

为了方便读者，本着取其精华、去其糟粕的宗旨，分理论篇和实践篇进行阐述，这里呈现的是理论篇。生态经济学主要处理生态和经济系统之间的关系，而这种关系可算得上是人所面临的最复杂难解的关系之一。为了说明问题方便，结合生态经济发展的实际情况，理论篇分学科理论进展、规划理论进展、学科建设理论进展、总结和展望四个部分来说明。同时为使本书的结构更清晰，说明问题更清楚，在每一部分前都写了篇简短的导读，介绍本部分的内容和思路变迁，但愿此举不是画蛇添足。

本书的内容尽管署名的只有二位，但确实是众多同仁共同努力、无私奉献的结果。其中北京大学的邱国玉教授对第 1 章，北京林业大学的刘俊国教授对第 6 章，中国科学院寒区旱区环境与工程研究所的钟方雷博士对第 4 至第 7 章、盖迎春博士对第 4 章，浙江财经学院的程怀文博士对第 4 章和第 5 章有直接的贡献，在这里特别说明，以资感谢。另外，在中国科学院寒区旱区环境与工程研究所和西北师范大学毕业的生态经济方向已有 50 多名硕士和博士，他们对本书也做出了重要的贡献，是大家一起的学习和工作为本书聚集了土壤。因人数太多，难以一一提及，这里一并致谢。另外，本书的出版，得到了国家自然科学基金(91125019，40971097)的资助，得到了中国科学院知识创新工程项目(KZCX2-10-04-03)的资助，得到了黄河水利出版社余甫坤编辑、谢萍美编和何颖美编的大力帮助，这里也一并致谢。

学习和研究生态经济这些年，我们最大的感受是，学习生态经济学可以不断地促进个人自我完善，使自己能成为对社会有用的人，甚至对地球有用的人。如果本书能在这些方面与读者引起些许共鸣，那真是善莫大焉！鉴于我们的能力和水平，书中肯定存在很多的错误和不足，希望读者能不吝指教，共同商量探讨，一起为促进我国生态经济的发展尽点绵薄之力。

作　者

2011 年 11 月

目　录

第一部分
学科理论进展

导读 I

第一部分收录了 3 篇文章,主要从研究思路上阐述了生态经济学科研究方面的理论进展。

《可持续性评价的 ImPACTS 等式》一文观测到了经验事实与理论推理结果之间的差别。依据生态足迹的核算方法,不难得出发达国家的生态足迹大,生态赤字也大的结论。生态赤字大的国家,通常又认为其发展是不可持续的。但是,发达国家自己的环境状况却很好,表面上根本看不出不可持续的痕迹。该文从这种差别入手,增加考虑了社会资源的作用,认为社会资源对环境影响存在缓解和适应能力,这种缓解和适应能力也是环境影响评价时需要综合考虑的因素。在此基础上,对可持续发展评价的方法(传统的 IPAT 等式)进行了修订,提出了环境影响综合评价的等式 ImPACTS,理论表达为 I = PACT/S,其中 I 代表集成的环境影响;P 指人口;A 指富裕程度,代表生产;C 指消费;T 指技术;S 指社会资源缓解和适应环境影响的能力。同时,需要指出的是,该文主要是从发展中国家的角度来思考的,因而对发达国家通过市场这只无形的手来转嫁环境压力的能力重视不够,而恰恰是发达国家的这种能力,是造成当前世界经济和环境格局的主要作用力。

《人地系统中人文因素作用的分析框架探讨》一文放宽了分析问题的视角,从学科演替的角度总结了人文科学理论和方法演替的范式,如图 I 所示。

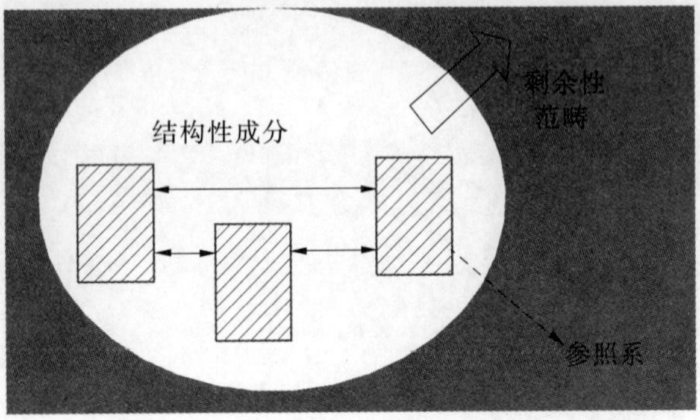

图 I　人文学科理论和方法的思考范式

从图 I 可知,结构性成分,参照系和剩余性范畴是人文科学理论体系与方法体系的 3 个必要组成部件。人文科学理论和方法的探索分为 4 个步骤:① 辨析结构性成分;② 辨析结构性成分之间的关系;③ 在参照系中检验结构性成分之间的关系;④从剩余性范畴中寻找新的结构性成分,然后返回步骤①,如此循环往复下去。具体如下:首先需要明确地阐述学科理论和方法中的"结构性成分"(一些具体命题的一般属性);然后辨析结构性成分之间的关系,也就是探讨分析的规律;接着是检验分析的规律是否正确,这需要放到一定的"参照系"中检验,也就是对照分析理论推理结果与经验事实;如果二者不一致,就需要从未知领域,也就是图中称为剩余性范畴的部分寻找新的结构性成分来补充和完善理论与方法,从而催生新的理论与方法,如此循环往复下去。科学发展的最终目标就是消除一切剩余性范畴。《可持续发展评价的 ImPACTS 等式》一文就是这种思考范式应用的一个例子。利用这种思考范式,可以很好地用来理解人文科学理论和方法的演替,帮助读者掌握学科的演替脉络。

《生态经济研究中的整体性视角》一文采用上述思考范式总结分析了生态经济学科的演替规律,但重点是放在揭示结构性成分之间的关系上,尤其是结构性成分之间的隐含关系上。通常,由于视野和见识所限,容易导致研究人员对影响系统的根本作用力认识不清,从而缺乏针对性的调控手段。从中国的传统文化角度来理解,系统的状况通常是阴阳两种相互对抗的作用力作用的结果。然而在分析实际问题时,往往会强调其中的阳而忽略阴,重视看得见的,而忽略隐含的,这是人类通常的思维方式。狐假虎威的故事说明的是老虎没有看见自己;蔺相如被举荐,主要是其主人缪贤在分析自己与燕王的关系时忽略了赵王的存在。尽管这样的隐含关系容易为人所忽略,然而通常他们却是系统真正的主导驱动力。《生态经济研究中的整体性视角》一文就是意识到了这个问题,从而倡导研究人员采用整体性的视角来揭示系统中存在的隐含关系。一旦注意到这种隐含关系,学科的演化脉络和科学问题就会更加清晰,如恢复力研究的出现,怎样的模式是真正的循环经济模式等。文中还结合当前研究的热点问题,借鉴了国际上同时重视阴阳的上升性理论,提出了分析水资源社会经济循环规律的框架,探讨了研究人员培养整体性视角的途径。

基于上述研究成果,构建了生态经济的研究框架,并开展了大量的实证研究,其主要内容将在《生态经济的研究进展——实践篇》中详细介绍。

1 可持续性评价的 ImPACTS 等式

摘要:可持续发展要求必须在一个地球的约束下,最大限度地满足人类的发展需求。通过分析生态足迹与人类社会发展的关系,从可更新和不可更新资源利用效益角度来看,在发展的可持续性上发达国家比发展中国家在利用地球容纳环境和社会期望方面具有明显的优势。同时,气候变暖的事实说明,人类对不可更新化石燃料的开采和利用速率已经超过地球上生态系统吸收 CO_2 的能力。各国要取得社会发展并使之具有可持续性,应该在地球的可持续性尺度范围内增加自己的全球足迹份额,而不是简单地减少足迹。以中国的南水北调、北粮南运、粮食安全及世界石油消费利用为例说明了社会资源在缓解和减轻环境影响方面的作用。在剖析经典的 IPAT 等式及其变种等式 ImPACT 分析框架的基础上,提出了一个新的可持续性评价研究框架——ImPACTS 等式,并讨论了新等式的政策含义。在 ImPACTS 等式中,新增项 S 代表社会资源的状态(社会发展状态),m 代表管理,用来强调人类采用协调的方式来解决超过可持续性尺度这一问题的重要性,I 因此变成了集成的影响评价——对环境的影响和社会发展的损益评价。

生态足迹指标是环境可持续性评价的一个热门指标[1],世界自然基金会(Worldwide Fund for Nature ,WWF)的《生活的行星 2002》[2]指出,人类的足迹已经超过了地球生态承载能力的 20%,人类需减少自己的足迹。美国人均生态足迹达到 9.57 全球公顷(global hm^2),是世界平均水平(人均生态足迹 2.1 全球公顷)的 4 倍多,同时美国人均还拥有高达 4.43 全球公顷的生态赤字[1,2]。如果地球上的人都过美国人一样生活,那么需要现在的 4 个多地球[3]。从生态足迹的分析来看,美国人的生活不是建立在可持续发展的基础上,不值得仿效。生态足迹的研究报告都提倡应减少足迹[1-5], Ress 也谈到"西瓜"不是越大越好[6],但是为什么几乎所有的发展中国家都希望过上发达国家那样的生活,这不是增加足迹吗? 会不会出现人类需要 4 个多地球的情况呢? 本章从当前生态足迹的研究成果入手,通过分析生态足迹与社会发展的关系,回答了上述几个可持续性科学研究方面的关键问题,并在探讨社会发展对减轻和缓解环境影响作用的基础上,基于经典的 IPAT 等式提出了一个新的可持续性评价研究的框架 ImPACTS,这些研究对澄清环境与发展关系的讨论、开展可持续性评价和选取可持续性指标等具有一定的指导意义。

1 生态足迹与社会发展

1.1 生态足迹与人文发展指数(HDI)

可持续发展的核心含义就是在一个地球的限制下,如何最大限度地满足人类的需求。

环境与发展是人类必须同时兼顾的两个目标。为简化起见,使用生态足迹指标表示人类活动对环境的影响,人文发展指数(HDI)表示社会发展状况。为了解当前的形势,利用WWF颁布的报告《生活的行星2002》和联合国开发计划署(UNDP)的《人文发展报告2001》[7]中分别提供的138个国家生态足迹计算结果和HDI的数据,分析了生态足迹与社会发展之间的关系。在实际分析中考虑到化石能源是不可更新资源,增加供给只能使资源存量枯竭。目前的生态足迹计算方法中都认为地球上没有对应能源的生态承载力(视其为0),除化石能源外,生态足迹研究分析主要集中在可更新资源上[1-6]。因此,在分析中将全部生态承载力都用于可更新资源的供给上,所有能源足迹都当成生态赤字处理,显然这样处理并不影响结果分析。分析中将资源分成不可更新资源(能源)和可更新资源两部分,以人口为权重计算了0.2~0.3,0.3~0.4,0.4~0.5,…,0.9~1.0等8个区间上的人文发展指数、能源足迹、可更新资源足迹和可更新资源的生态赤字(用需求减供给)。结果表明(图1.1),HDI从最低平均状态0.27(0.2~0.3段)到最高平均状态0.93(0.9~1.0段)的过程中,能源的足迹是单调上升的,由HDI最低类国家的人均0.15全球公顷上升到HDI最高类国家的人均4.05全球公顷,相差27倍。最低类型国家的HDI,对应可更新资源的足迹为人均0.83全球公顷,可更新资源足迹并不是与HDI呈单调变化,先是逐渐减少,至HDI 0.57后(对可更新资源的足迹需求为人均0.52全球公顷)逐渐增加,最后达到最高状态人均2.71全球公顷。最后计算可更新资源的生态足迹赤字发现,不同的人文发展阶段可更新资源都是生态盈余的,最重要的是,随HDI的增加可更新资源的生态盈余也逐渐增加,从HDI最低状态时人均盈余0.13全球公顷逐渐增加到最高状态人均1.09全球公顷。

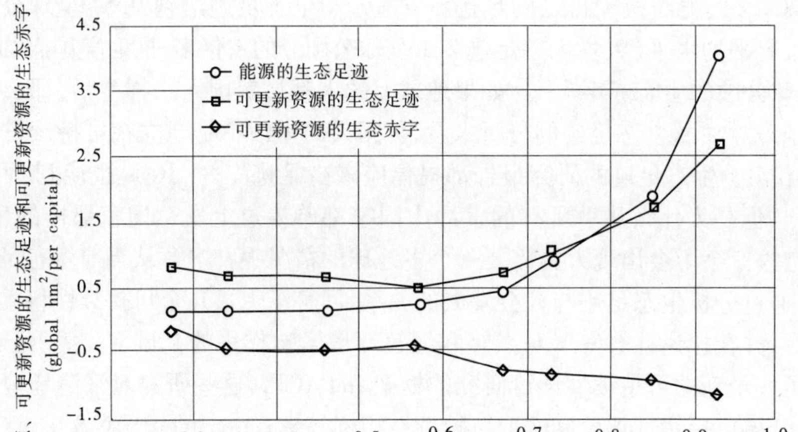

图1.1　世界上各国不同发展阶段能源、可更新资源的生态足迹和可更新资源的生态赤字

1.2　从资源利用效益看发展的可持续性

从图1.1中的整体趋势来看,随HDI的逐渐升高,可更新资源的生态足迹增加,同时可更新资源的生态盈余也逐渐增加。这反映处于不同发展阶段的所有国家其可更新资源的供给增长率都超过了需求的增长率,发达国家比发展中国家人均可更新资源消费的绝对总量大,但可更新资源供给和需求增长的余额也比发展中国家高。

人类社会的发展十分依赖于化石能源,世界 1999 年能源消费中,化石能源的消费数量占总能源消费的 88%[2]。从图 1.1 可知,发达国家的能源消费量要高于发展中国家。由于不可更新,人类无法在人类活动的时间尺度上增加其供给,因此化石能源对人类的价值主要取决于提取利用的时间和效益。能源强度(能源消费量/GDP)是一个重要的反映能源消费随时间变化的指标。《国际能源展望 2004》(International Energy Outlook,2004)显示工业化国家的能源强度在过去的 30 年中明显降低,从 1970 年的每单位 GDP 12.9×10^3 Btu(British thermal units)降低到 2001 年的 8.4×10^3 Btu(1997 年的美元计量,后面的单位 GDP 都是指按 1997 年的美元计量),但发展中国家从 1970 年至 2001 年间,能源强度却维持在每单位 GDP 22.1×10^3 Btu 的水平上,几乎没有发生变化。显然发达国家有更高的能源利用效率[8]。在 2001 年发达国家利用同样数量的能源生产的 GDP 数量是发展中国家的 3 倍。

当前全球变暖的事实说明人类 CO_2 的排放量已经超过全球生态系统的吸收能力。从可持续发展的角度而言,人类只能在地球的可持续尺度范围内提取和利用化石燃料[9]。显然需要减少 CO_2 排放的绝对数量以便回到地球的可持续尺度范围内。《国际能源展望 2004》展示,过去 30 年世界的 CO_2 强度(CO_2/GDP)明显下降,从 1970 年的每单位 GDP 1100 t 降低到 2001 年的每单位 GDP 739 t。尽管所有国家的改进强度有差异,但所有国家都呈现下降趋势。如美国的 CO_2 强度从 1970 年的每单位 GDP 1154 t 下降到 2001 年的 606 t。中国的 CO_2 强度从 1970 年的每单位 GDP 9703 t 下降到 2001 年的 2539 t[9]。如果中国在 2001 年拥有美国 2001 年的经济总量,以中国自己的 CO_2 强度水平向大气中排放 CO_2,则当年中国向大气中排放的 CO_2 是美国 2001 年的 4.19 倍。

从上面的分析可知,从可更新资源和不可更新资源利用效益的角度来看,发达国家比发展中国家在地球承载力的范围内容纳环境和社会期望这一点上表现要好。

1.3 生态足迹的增减与发展

生态足迹指标测算的是,生产一定人口消费的资源和吸纳这些人口产生的主要废弃物所需要的生物生产型土地面积。从其定义和实际应用来看,其分析主要立足于人类对自然系统的“给”和“拿”的过程[10],而忽略了人类社会这个重要的组成成分。人类在设法从自然环境中多“拿”资源和服务,同时尽量减少“给”自然压力(如排放废弃物)的过程中,人类还利用自然提供的资源和服务培育了一个文明的社会,而且还会不断储存自然资源和生态服务的“足迹”,不仅使我们创造了高效率利用资源和减少废弃物排放的技术进步,更重要的是提高了人类社会本身的发展能力,使我们能够理解出现的环境问题,并采取技术、贸易等措施来适应或缓解环境对人类的影响。

从目前生态足迹的分析框架可知,发达国家拥有高的生态足迹及生态赤字的主要原因是通过贸易占用了发展中国家的土地,但仅是如此吗?贸易的产品和服务中不仅嵌入了土地,还嵌入了积累自然资源和人类智慧的社会资源、生产技术、消费模式、制度和组织安排、教育模式、通常的价值理念和生活类型。国际贸易的影响可能使参与国受益,也可能使其受损,参与国受益还是受损主要取决于自己国家的政治、社会、制度结构和发展的优先性选择[11]。尽管非常难以量化国际贸易对参与国的具体影响,但不能否认在国际贸易的商品流中,除了有形的物质流动外,还流动着信息等社会资源。国际贸易的参与者是否能从中获益主要取决于参与国的社会发展状况,取决于参与国是否有能力调用社会资源从国际贸易流中获益。目前生态足迹计算方法中仅考虑对土地的占用显然忽视了国际贸易流中社会资源的隐形流动。

前已述及,从资源利用效率的角度来看,发达国家在资源和环境的约束条件下,在满足人类需求方面做得更好。从社会发展的视点来看(图 1.1),发展中国家如果要达到美国那样的发展水平,显然需要增加自己的足迹。如果考虑到地球的可持续性尺度,应该是在地球可持续性尺度范围内增加自己的全球足迹份额。考虑到社会发展,增加足迹份额显然不是件容易的事情。如果一个国家想通过贸易占用其他国家的土地,则需要占用国比被占用国在某些方面具有比较或绝对优势,也就是占用国首先必须在自己的国家能够做到减少足迹。生态足迹的研究者已经提出了利用各种各样的政策工具来减少足迹,如改善资源的利用效率、控制人口、促进教育和采用可持续的消费结构[2]。但是生态足迹的研究者并没有真正阐明采用这些措施的原因,任何国家或个人并没有驱动力破坏环境,发展最终的目标只是如何在环境限制范围内生活得更好,提高自己的生活水平才是采用这些措施的直接驱动力。而提高生活水平将直接导致增加自己的全球足迹份额。减少生态足迹和增加全球足迹份额并不矛盾,如果一个国家能领导这个世界在全球尺度上降低人类的足迹,则这个国家必然具有最先进的技术和生产方式,从而也将拥有最大的世界全球足迹份额。由于各国发展速度和初始条件都不一样,全球足迹的份额将随这些情况的不同而发生变化。如果想拥有好的生活,就需要竞争这种全球足迹的份额。考虑到这种竞争关系,并不需要担心世界上的所有人在同一时刻享有同样的生活标准,因为我们只有一个地球。我们并没有这样的经历,这个世界变成一个静态的整体,将来我们也不会有这样的经历。因此,从发展的角度来看,应该提倡在可持续性尺度范围内增加全球足迹的份额。值得说明的是,增加全球足迹的份额主要是强调社会发展在环境与发展之间相互作用中的主导地位。由于发展状况的差异,从环境可持续性角度得出的减少生态足迹的认识显然具有限制发展中国家发展的作用,发达国家减少生态足迹的最终结果也将是增大全球足迹份额,伴随的是全球生态占用和环境侵略。这里从发展的角度提出增加全球足迹的份额主要是强调增加全球足迹份额是社会发展的一种必然结果。为了改变目前全球足迹份额占用极度不均衡的状况,在竞争日益激烈的全球环境中,对发展中国家而言增加发展能力十分重要。

2　社会资源在缓解和适应环境影响中的作用

由于目前的生态足迹分析框架强调对环境可持续性的评价,忽略了对社会发展状况的评价,也就是对可调用的社会资源的数量和质量的评价,因而只是得出了减少人类的足迹这样的表面结论。环境问题是社会发展引起的。尽管社会发展不是解决环境问题的万灵药,但显然社会发展最可能提供解决环境问题的方法[12]。从上面的讨论可知,社会发展才是真正驱动人类采取上述减少足迹措施的直接驱动力。在将社会发展融入环境影响评价框架中之前,下面以3个例子来说明调动社会资源在缓解和适应环境影响中的作用。

2.1 中国南水北调与北粮南运

为了减轻中国北方水资源短缺的问题,中国政府在2002年开始实施大型的南水北调工程,该项工程计划50年完成,耗资580亿美元,在工程完工之日将达到每年从南方调水448亿 m^3 给北方,用来解决华北和西北水资源的短缺问题。其中,南水北调东线和中线调水主要是解决华北城市生活用水的短缺问题,西线调水则主要是用于弥补西北、华北灌溉用水的不足[13]。但现在中国的粮食是北粮南运,每年北方调用2000万t粮食给南方。从"嵌入水"或"虚拟水"的角度来看,每年国家又将200亿 m^3 的虚拟水调配给南方[14]。中国北方由于水资源的短缺已经引起了严重的环境问题。华北地区和西北地区城市利用地下水的比例已经高达72%和66%,地下水的过度开发利用已经引起严重的地面沉降问题,形成大面积的地下漏斗,其中生产全国1/2小麦和1/3玉米的华北平原就有近7万 km^2 的地下漏斗区,在2000年平均地下水位已经下降了2.9 m[15]。造成这样的环境问题当然农业是理所当然的驱动者。在现实背景下,根据虚拟水的理论[16],决策者很容易想到新的替代对策集合,如北方地区少生产粮食2000万t就可以节约200亿 m^3 的水,这些节约的水可以用来调剂城市生活用水之需,还环境债或者从事增加值高、耗水少的其他行业的生产,南方需要的粮食可从国外进口一部分(利用社会资源)和自已生产一部分[16-19],新的对策看似可以减少南水北调的数量,从而节约巨大的调水成本,同时还减少了北方地区的生态足迹,但真能取得预期效果吗?当前的中国南水北调和北粮南运的配置格局从绝对优势的角度来看有其合理性,中国南方拥有占全国80%的水资源、40%的耕地和58%的人口,水多地少,具有水资源方面的绝对优势,是可以调实体水给北方的城市的,同时北方土地资源相对丰富、劳动力成本低,北方农民种粮食卖给南方也是合理的。北方向南方输送粮食,说明北方还处于被别人占用生态足迹的阶段,社会发展状况还没有达到占用别人足迹的水平。如果要占用这200亿 m^3 的水用做他途,原来种2000万t粮食的农民,他们的生活怎么办?现有的格局说明北方劳动力成本低廉,在农业生产上还具有比较优势,从事其他行业意味从事南方具有比较优势的行业,从比较优势贸易理论来看,如果采用前面建议的对策,解决这些农民的生活问题所引起的社会成本可能比农业使用200亿 m^3 的水引起的环境成本更大,而且更不容易解决。农民生计问题与生产粮食引起地下水位下降这样的环境问题相比,其内容和作用范畴都已经发生了变化,新对策引起的农民生活问题已经是一个社会问题。此案例清晰地呈现了资源环境问题与社会问题之间的转化,同时还说明了北方不发展难以达到减少区域足迹的效果。

2.2 中国的粮食安全

布朗在1995年提出谁来养活中国,凸现了中国粮食安全的重要性[20]。中国的管理者意识到粮食安全问题,分析表明粮食问题主要是人口众多、水资源短缺、粮食的种植面积不够、产量不高等原因造成。由于1978年中国政府已经实行计划生育政策减缓了人口增长速度,因此新的措施对策集中在其他方面。北方水不够则实施南水北调;产量不高,加快高产作物的研发。1996年至2000年间,中国基因工程安全管理办公室批准了申请从事转基因作物研究的353份申请中的251项[21];同时注意增加外汇储备,以便紧急时可以通过进口粮食来减缓国内粮食的压力。这些政策的运用都是利用社会资源来减缓粮食短缺的影响。1998~2002年的5年中有4年中国粮食总产量是下降的,由1998年的3.92亿t减少到现在的3.22亿t,粮食的减少量相当于加拿大一年的粮食产量,但布朗先生这次惊呼的不是谁来养活中国,而是惊呼中国会买光美国的粮食,因为中国拥有的3840亿美元的外汇储备,可以买光美国一年粮食总产量8次[22,23]。从中国粮食的例子中可知道粮食问题与社会问题之间的相互转化,通过社会发展可以增加可调动的社会资源来缓解和适应粮食的短缺。

2.3 世界能源的消费——以石油消费为例

全球变暖主要是开发利用不可更新的化石能源过程中排放 CO_2 增加所致。是对不可更新资源的开发速率超过了地球的生态系统的吸收能力,导致了全球变暖这个全球性的问题。考虑石油目前在能源消费中的主导地位,2001年世界能源消费中石油消费份额为39%[8],而且对交通部门来说还没有发现有效的替代品。因此,下面主要从石油消费利用的角度来阐述资源问题与社会问题之间的转化及社会资源在解决因不合理开发利用能源资源引起的全球性问题时的作用。

根据《国际能源展望2004》预测,世界石油的消费将从2001年的每天0.77亿桶增加到2025年的每天1.21亿桶,每年以1.9%的速度增加。同时关于世界石油贸易的预测结果表明,大多数工业化国家都面临石油生产供给不足的问题,都需要从石油储存丰富的地区波斯湾进口石油。从2001年到2025年,北美从波斯湾每天进口的石油量从2.9万桶增加到5.8万桶,西欧从2.7万桶增加到4.5万桶,工业化的亚洲每天从4.1万桶增加到5.9万桶,其中中国石油消费的增长是最迅速的,需要从0.9万桶增加到5.7万桶[8]。由于石油需求的增长,显然未来中国将卷入波斯湾石油的争端中。同时如果世界石油的生产量真如Hubbert曲线所预测的那样,将在2003~2020年间下降的话,因石油问题引起的社会冲突与紧张局势会提前和加剧[24],资源问题会转化成社会问题。显然需要采取有效的措施来预防发生社会冲突。战争是利用社会资源解决资源问题的极端形式,会引起冲突方经济、社会制度等的崩溃。而且战争通常只改变资源的分配,如果不改变当前的经济增长模式,战争并不能使人类回到可持续的尺度范围内。如何避免将来发生的因石油利用引起的战争或其他形式的社会冲突,这时候不能忽略人类所具有的另外一种功能——协调能力,需要管理者来协调。同时,如果当前的经济模式不能及时地转向依赖于可更新能源,简单地追求经济增长还会恶化全球的气候形式,是解决不了气候变暖这一全球性的公共问题的。经济增长由于是社会发展的一个主要成分,限制经济增长是一个复杂的政治、经济、环境和伦理问题,如何限制,限制多大的程度,这显然需要协调,已经有 119 个国家和欧共体签署的《京都议定书》就是一个很好的信号[8],全球性问题需要全球性的政策,因而需要加快国际政治制度的建设,通过协商牺牲一点经济增长使人类重新回到可持续性尺度范围内。

从上面的 3 个例子可以明显看出,社会发展不仅对环境造成影响,而且社会发展本身除增加福利外,还增加了调动社会资源来减缓和适应环境的影响的能力。上面的 3 个例子同时也描绘了自然资源问题和社会资源问题之间的相互转化[19]。调动社会资源来减缓或适应环境影响的能力是累积了自然资源足迹和人类创造的一种能力,显然对产生这些适应性对策措施的社会资源状态进行评价是环境影响评价不可缺少的一个组成部分,需要在新的集成影响评价中考虑。

3 新的可持续性评价框架:ImPACTS 等式

3.1 环境和发展

图 1.2 呈现了一个简单的两个国家环境与发展之间的关系略图。图中的第一个特点是清晰地表明了可持续性评价所面临的 3 个重大问题:①可持续性尺度问题,社会圈位于自然环境圈之内表明人类社会的发展不能撑破地球承载能力的限制范围,表明人类可持续发展的目标就是在环境可持续的范围内最大限度地满足人类的需求;②公平问题,国家 a 和国家 b 对资源和环境的占用分配情况(简单地用社会圈中国家 a 和 b 之间虚线所分割的面积大小表示,类似于生态足迹份额)涉及公平性的问题;③效益问题,社会圈中的经济框部分清晰地表明了生产和消费的循环过程,显示经济增长就是为了最高效率地利用自然环境中的物质和能源,并尽量减少向环境中排放废弃物。

图 1.2 中的另一个特点是单列了社会资源框,并通过管理组分接受自然环境的反馈作用。这样处理是为了强调人类社会发展的最终目的是增加自己的福利,也就是社会发展或者增加可调用的社会资源的数量和质量,暗含社会资源(制度、技术、教育等)也是一种可以用来适应和缓解环境影响的资源。在社会圈内,经济系统用虚框表示,说明经济系统只是社会系统的一个子系统,是人类用来满足自己需求的手段。经济框和社会资源框之间的双向箭头和一些重叠的内容(如人口、富裕和技术等)表明社会资源在环境和发展关系中的双重属性:一方面,在经济增长的过程中社会发展造成环境影响;另一方面,经济增长引起的社会资源的数量和质量的增加是提高人类福利状态的一个重要成分。为了更清晰地呈现决策过程,我们从社会资源中分出管理成分。在面对环境的反馈作用时,管理者通常是从社会发展和环境影响这两张图片及其相互作用中找到问题的根源,并从社会资源中找寻对策,前面的南水北调和北粮南运、中国的粮食安全问题清晰地呈现了这一决策过程。由于提高福利水平一直是各个国家的主要发展目标,因而图 1.2 中的两个国家需要竞争自己在全球市场的份额,以获得更多的有利于自己的发展条件。对全球变暖,生

物多样性保护等全球性问题，由于还不清楚具体的物理影响机制，对应的国际政治制度《京都议定书》等才刚刚建立，目前还缺乏有效的途径来解决这类全球性问题。前面的世界石油消费的例子解释了有效的管理是解决这类问题的关键。

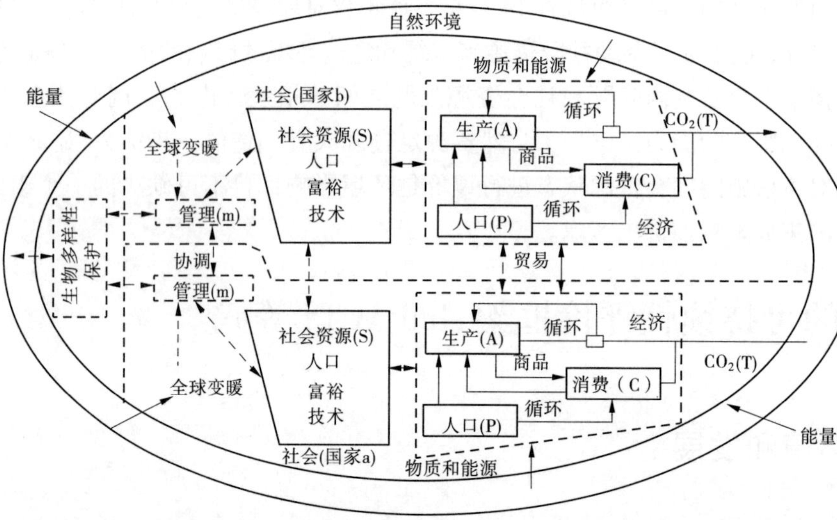

图 1.2 环境与社会

3.2 ImPACTS 等式的含义

可持续性评价的经典等式 IPAT 将人类的环境影响(I)分解成人口(P)、富裕(A)和技术(T)3 种驱动因素的联合影响[25]，其中富裕通常用生产的 GDP 总量或收入来表示，这也是图 1.2 中生产部分用 A 表示的原因。Waggoner 和 Ausubel 等(2002)将 IPAT 等式革新成 ImPACT 等式，将环境影响(Im)进一步分解成人口(P)、富裕(A)、消费(C)和技术(T)的联合影响[26]。IPAT 的追随者喜欢融入人类活动因素(如人口、经济活动、技术、政治和经济制度、态度和信仰)来分析环境影响的驱动力。这样的处理当然有利于理解环境影响的决定因素[26-28]，但忽略了社会发展本身。重新检查生态足迹的分析与经典的 IPAT[25] 及其变种 ImPACT[26] 等式发现，尽管生态足迹指标的建立者 Rees 说生态足迹的概念是来自颠倒承载力的概念(承载力计算地球能养活多少人，生态足迹计算地球上的人需要多少地球来维持自己的消费)[3]，但生态足迹分析可以还原到经典的 IPAT 和 ImPACT 等式，表 1.1 展示了如何将当前的生态足迹分析、虚拟水、粮食安全和能源利用问题还原到 ImPACT 等式。图 1.2 中经济过程部分也展示了基于 IPAT 或 ImPACT 的环境影响评价分析过程只是集中在人类实现自己发展目标的经济过程上。并没有哪个国家或个人想破坏环境，人类的目标只是如何在环境的限制范围内生活得更好，而且社会发展本身能产生一种适应和缓解环境影响的能力，因而在可持续性评价研究中不能忽视对社会发展本身的评价。

表 1.1 以生态足迹分析、虚拟水、粮食问题和能源利用问题示例的 ImPACTS

分类	符号	生态足迹的量纲	虚拟水的量纲	粮食问题的量纲	能源利用问题的量纲	备注
集成的影响	I	土地面积	虚拟水量	粮食产量	温室气体排放量	
管理	(m)	无量纲	无量纲	无量纲	无量纲	协调
人口	P	人口总量	人口总量	人口总量	人口总量	
富裕	A	人均 GDP	人均 GDP	人均 GDP	人均 GDP	提供了发展影响环境的一张清晰图片
利用强度	C	单位 GDP 的资源使用量	单位 GDP 的资源使用量	单位 GDP 的土地使用量	单位 GDP 的能源使用量	
技术效率	T	单位资源所需要的土地面积	单位资源的虚拟水含量	单位土地面积的粮食产量	单位能源的温室气体排放量	
社会发展	S	无量纲	无量纲	无量纲	无量纲	引起环境问题和解决环境问题的源泉

基于上述分析和讨论可知,当前的环境影响评价框架忽略了社会发展本身,以及社会发展后调动社会资源缓解和减轻环境影响的能力。因此,建议将熟悉的影响公式 IPAT 改为 ImPACTS,保留 PACT 成分是由于 ImPACT 等式相比 IPAT 等式能更清晰地呈现经济系统中生产和消费过程对环境的影响[26]。新等式中 S 代表社会发展,也就是社会资源的整体状态,对社会资源整体的状态评价也就是社会发展状况的评价。新的 ImPACTS 等式的显著特点是同时融入了环境和发展方面的考虑,将社会发展影响环境和社会发展增加的福利及适应和缓解环境影响的能力分开进行考虑,表明了可持续发展的最终目标是使地球能更好地容纳环境和社会期望。I 因此有了新的含义,可称之为集成的影响,指环境和发展之间的损益比较。由于人类社会发展不仅增加了人类的福利,而且能提高适应和缓解环境影响的能力,也就是 S 与 PACT 的关系不应该是乘,而应该是除,这也是 Budiansky 认为富裕与环境影响成反比的原因[29]。同时在新的等式中还有一个 m,我们赋予管理的含义给 m。由于其难以量化,而且本身是社会资源的一部分,因而是个小 m。单独将 m 列出的原因是强调理解环境和发展之间相互作用关系的重要性[10];强调同时看到人类活动对环境的影响和社会发展这两张图片本身对解决环境问题的重要性[30];强调人类的能动性与协调在解决通常的经济增长不能解决的超过可持续性尺度问题,还有通常发展难以兼顾的生物多样性保护等问题时的重要性[1,10-11]。

3.3 ImPACTS 等式的政策含义

由于社会资源的含义本身比较广,包括经济发展、教育、制度能力、性别平等诸多影响因素,很难定量地评价社会资源的状态,特别是其中管理的状态。这里基于当前生态足迹的研究结果,先忽略管理,简单地以人文发展指数来代表社会资源的发展状态。用 ImPACTS 等式(I = PACT/S)测算了 1975 ~ 1999 年集成考虑社会资源后的环境影响。为简化将 1975 年的世界生态足迹数据标准化为 1 个地球,1975 年的 HDI 也标准化为 1。由于采用 HDI 代表社会资源的发展状况并不全面,如收入分配不公平的改进、教育质量的改进、卫生医疗设施的增多等都反映了社会发展,当前的 HDI 并不能反映这些改进[31,32]。所以将 HDI 乘以调整系数 1 和 1.2,调整系数反映 HDI 单位变化与单位人类环境影响间相互损益的大小。当 HDI 下降时,调整系数可以取一个小于 1 的数字,反映发展效用的恶化。表 1.2 呈现了采用新 ImPACTS 等式的计算结果,其中世界人文发展数据是利用《人文发展报告 2001》中的 HDI 数据(序列齐全的共 97 个国家)并以人口加权计算得到,生态足迹的数据是直接采用 WWF 关于世界生态足迹研究上的序列数据[2]。

人类要在可持续发展的道路上前进的话,这种集成影响的时序值应该小于 1,而且呈现一种下降的趋势。由于人文发展指数用来代表发展状况还有很多需要改进的地方,加上调整系数的选取存在很大的不确定性,最终的集成影响评价结果取决于人类的价值判断和对人类与环境系统之间复杂关系的认识程度。因此,表 1.2 中集成影响评价 I_1 和集成影响评价 I_2 中数值只是具有象征意义。集成影响 I_1 的结果显示人类对地球的影响超过了发展的效用,发展处于不可持续的状态。集成影响 I_2 显示发展的效用超过了人类对地球的影响。全球变暖的事实需要我们接受集成影响 I_1 的评价结果。尽管人类是在不可持续的道路上前进,但集成影响 I_1 先上升后下降的数据(类似环境的 Kuznets 曲线)特征表明人类正在朝可持续发展的方向前进。

表 1.2　采用 ImPACTS 公式的全球集成影响评价

指数	1975	1980	1985	1990	1995	1999
世界人文发展指数(97 个国家的样本)	0.56	0.59	0.62	0.64	0.67	0.69
标准化世界人文发展指数(1975 = 1)	1.00	1.05	1.11	1.14	1.20	1.23
世界的生态足迹指数(地球的个数)	0.93	1.01	1.06	1.14	1.16	1.20
标准化生态足迹指数(1975 = 1)	1.00	1.098	1.14	1.23	1.25	1.29
集成影响(I_1)	1.00	1.03	1.03	1.07	1.04	1.05
集成影响(I_2)	0.83	0.86	0.86	0.89	0.87	0.87

注:其中集成评价 I_1 调整系数取 1,集成评价 I_2 调整系数取 1.2。

值得注意的是,对人类的环境影响和社会发展二者的损益比较结果驱动人类采取措施来和谐与环境的关系。如何让地球容纳环境和社会期望更好? ①显然首先需要回到地球的可持续性尺度范围内来谈这个问题。全球变暖的事实说明人类活动已经超过了地球的可持续性尺度(也就是对 PACT 和 S 的损益分析结果大于 1),从前面的分析来看,解决可持续性尺度的问题是新 ImPACTS 等式中 m 的任务。②社会资源状态的引入强调社会发展具有缓解和减轻人类环境影响的作用,在单纯的经济增长使人类超过地球的可持续性尺度的时候,人类需要强调提高社会福利中的其他成分,如进行社会结构、政治体制的变化,改变态度和信仰,改善不平等性,提高教育、消灭贫困等。从经济成分转向发展的其他成分显然是新的等式中 S 的任务。由于很难定量核算社会资源的状态,尤其是其中的管理要素,加上环境影响和社会发展之间的损益比较含有较多的人为影响因素,因此推荐的 ImPACTS 等式并不是一个正式的数学模型,而是一个概念框架,在这个框架中详细解析了环境和发展的交互作用。这样显然可以增强对环境问题的理解,并增加我们的对策集。如何定量地核算社会资源的状态,也就成为进一步研究需要解决的关键问题。

4　结语

(1)在分析生态足迹与社会发展的关系的基础上,指出从资源利用效益的角度来看,发达国家的环境承载力在容纳环境和社会期望方面比发展中国具有明显的优势。同时指出生态足迹分析框架忽略考虑了社会发展。与当前流行的减少生态足迹的观点不同的是,从社会发展的角度提出了增加足迹份额的观点。一个国家减少本国的生态足迹,也就是为了更多地占用全球生态足迹份额。同时指出从社会竞争的角度考虑,不可能存在人类需要 4 个多地球的情况。

(2)由于社会发展(增加和提高了可调用的社会资源的数量与质量)不仅增加了福利,而且具有缓解和适应环境影响的作用,因此可持续性评价不能忽略对社会发展状况的评价。以中国的南水北调和北粮南运、中国的粮食安全、世界能源消费为例说明了资源环境问题与社会问题之间的相互转化关系。同时,中国的南水北调和北粮南运的案例说明,不发展难以达到减少生态足迹的目的;中国的粮食安全案例说明,通过发展可以增加调动社会资源的能力来缓解和适应环境的影响;世界能源消费的案例说明,管理(社会资源的一部分)是解决能源消费引起的社会问题及全球变暖这类全球性问题的关键。

(3)在讨论环境与社会关系时,清晰地阐明了可持续性评价所面临的 3 个重要问题:①可持续性尺度;②公平问题;③效益问题。在将生态足迹、虚拟水、粮食安全和能源消费利用问题还原到流行的环境影响评价公式 IPAT 的变种 ImPACT 等式之后,融入社会发展的考虑提出了 ImPACTS 等式作为可持续性评价的框架,其中新增加项 S 代表社会资源状态,I 变成了环境影响与社会发展之间的损益评价,同时赋予 m 管理的含义,用来强调人类采用协调的方式来解决超过可持续性尺度这一问题的重要性。同时结合实证的全球集成影响评价讨论了 ImPACTS 等式的政策含义,新增项 m 直接针对可持续性尺度的问题,S 针对公平性等问题。最后指出定量地核算社会资源状态是可持续性评价工作下一步研究需要解决的关键问题。

参考文献

[1] Wackernagel M, Schulz N B, Deuming D, et al. Tracking the ecological overshoot of the human economy. Proc[J]. Natl. Acad. Sci., 2002, USA, 99: 9266-9271.

[2] Worldwide Fund for Nature (WWF). Living Planet Report 2002[R]. http://www.wwf-uk.org/filelibrary/pdf/livingplanet2002.pdf (accessed 2004).

[3] Wilson E O. The Future of Life[M]. New York: Alfred A. Knopf, 2002.

[4] Rees W E. Footprint: our impact on Earth is getting heavier[J]. Nature, 2002, 420: 267-268.

[5] 徐中民,张志强,程国栋. 甘肃省 1998 年生态足迹计算与分析[J]. 地理学报,2000, 55(5): 607 - 616.
[6] Rees W E. A bolt on the land[J]. Nature, 2003, 421: 898.
[7] United Nations Development Programme (UNDP). Human Development Reports[R]. 2001, 2002.
[8] Energy Information Adminstration. International Energy Outlook 2004[R]. 2004.
[9] Daly H E, Farley J. Ecological Economics: Principles and Applications[M]. Washington: Island Press, 2004.
[10] 科斯坦萨,乔根森. 理解和解决 21 世纪的环境问题——面向一个新的、集成的硬问题科学[M]. 徐中民,张志强,张齐兵等译. 郑州:黄河水利出版社,2004.
[11] Todaro M P, Smith S C. Economic Development[M]. New York: Addison Wesley,2003.
[12] Goklany I M, Trewavas A. How technology can reduce our impact on the Earth[J]. Nature, 2003, 423: 115.
[13] 潘家铮,张泽祯. 中国北方地区水资源合理配置和南水北调问题[M]. 北京:中国水利水电出版社,2001.
[14] 陈志凯. 中国水资源与华北水危机——北大最佳讲座[M]. 北京:北京大学出版社,2003.
[15] Brown L R. Worsening water shortages threaten China's Food security. 2001. http://www. earth - policy. org/Updates/Updatel} rintable. htm (accessed 2004).
[16] Hofwegen P V. Virtual water trade-conscious choice, 2004. http://www. worldwatercouncil. org/virtual water/documents/virtual_ water final_ synthesis. pdf (accessed 2004).
[17] 程国栋. 虚拟水 - 中国水资源安全战略的新思路[J]. 中国科学院院刊, 2003(4): 260 - 265.
[18] 徐中民,龙爱华,张志强. 虚拟水的理论方法及在甘肃省的应用[J]. 地理学报 2003, 58(6): 861 - 869.
[19] 徐中民,龙爱华. 中国社会化水资源稀缺评价[J]. 地理学报,2004, 59(6):982 - 988.
[20] Brown L R. Who Will Feed China: Wake up Call for a Small Planet [R]. New York: W W Norton&Company, 1995.
[21] Huang Jikun, Prayc, Rozelles. Enhancing the crops to feed the poor[J]. Nature, 2002, 418: 678 - 684.
[22] Brown L R. Wakeup call on the food front[R]. 2003. http: // www. earth - policy. org/Updates/Update31. htm (accessed 2004).
[23] Brown L R. China's shrinking grain harvest: how its growing grain imports will affect world food prizes [R]. 2004. http: // www. earth - policy. org/Updates/Update36. htm (accessed 2004).
[24] Campbell C J, Laherrere J H. The end of cheap oil[J]. Scientific American, 1998, March: 78 - 83.
[25] Daily G C, Ehrlich P. Population, sustainability and Earth's carrying capacity[J]. Bioscience, 1992, 42: 761 - 771.
[26] Waggoner P R, Ausubel J H. A framework for sustainability science: a renovated IPAT identity[J]. Proc. Natl. Acad. Sci. ,2002, USA,99: 7860 - 7865.
[27] Dietz T, Rosa E A. Effects of population and affluence on CO_2 emissions[J]. Proc. Natl. Acad. Sci. , 1997, USA, 94: 175 - 179.
[28] York R, Rose E A, Dietz T. Bridging environmental science with environmental policy: plasticity of population, affluence, and technology[J]. Social Science Quarterly, 2002, 83(1): 18 - 34.
[29] Budiansky S. How affluence could be good for the environment[J]. Nature, 2002, 416: 581.
[30] 徐中民,张志强,程国栋. 生态经济学理论方法与应用[M]. 郑州:黄河水利出版社,2003.
[31] United Nations Development Programme (UNDP). Human Development Reports[R]. 2003, 2004.
[32] Heckman J J, Krueger A B. Inequality in America[M]. Cambridge: The MIT Press, 2003.

2 人地系统中人文因素作用的分析框架探讨

摘要：总结了人文科学理论和方法演变的一般规律，分析了人文科学理论和方法的思考范式。结合思考范式，阐述了当前人文因素研究方面主要的理论进展和评价分析方法。以环境影响评价为例，详细介绍了如何辨析人文因素及结构性成分之间的关系。最后以水资源管理为例，提出一个分析人地系统中人文因素作用的概念框架，并总结了这种思考范式所带来的启示。

"人类并未编织生灵之网，我们只是网中的一根线，无论我们对网做什么，它都会反过来影响我们自己。"[1]这是印第安纳部落一位酋长的演说，深刻地揭示了人地系统中复杂的相互作用关系：人地系统状态的变化受人文因素与自然因素的影响，人文因素也受人地系统状态和自然因素的影响。辨析人文因素的作用，就需要将人文因素和自然因素纳入统一的框架中分析。通常，自然因素主要是根据分析对象的时空尺度定义的，人文因素一般是根据分析对象的分析尺度（功能属性）定义的[2]，因此采用的统一框架主要有统一的时空尺度和分析尺度两种。在统一的时空尺度和分析尺度上，当前的研究都取得了显著的进展，理论和方法不断推陈出新。多样的理论和分析方法之间是否存在共性的东西，人文因素的分析又有什么样的特性，什么样的分析框架适合系统辨析人地系统中人文因素的作用，都将有助于更好地理解人地系统中人文因素的作用。据此，本章首先总结了人文科学理论和方法演变的一般规律与思考范式，然后结合思考范式，阐述了当前人文因素作用研究方面的主要理论进展和方法。以环境影响评价为例，阐述了如何辨析人文因素与结构性成分之间的关系。最后以水资源管理为例，提出了一个分析人地系统中人文因素作用的概念框架，并总结了这种思考范式带来的启迪。

考虑到人文科学理论大多是在分析尺度上取得的，同时许多人文因素原本缺乏空间属性而难以空间化，在统一的时空尺度上的模拟模型研究大多是实证性的，而非理论性的[3]。因此，本文的分析主要集中在分析尺度上。

1　人文科学理论和方法演变的规律与思考范式

1.1　人文科学理论和方法演变规律

人文科学是研究人文因素演变规律的科学。弄清人文科学理论和方法演变的规律与特点，可以帮助科研工作者弄清所关注理论体系和使用方法演变的来龙去脉，更好地做好自己的本职工作。下面以宏观经济增长理论和离散选择模型为例，说明人文科学理论和方法演变的规律与特点。

至今，经济增长理论的演变大体经历了古典主义的物质资本决定论、新古典主义的技术决定论和新经济增长理论 3 个阶段。各阶段的代表性增长方程分别为哈罗德经济增长方程[4]、索洛经济增长方程和新经济增长方程[5]。经济增长理论的演变实际上是资本积累理论的一个循环，只是不断扩充了资本的内涵。哈罗德经济增长方程中的资本主要指物质资本，索洛经济增长方程中的资本则包括物质资本和劳动力（仅从数量上考虑），而新经济增长方程中的资本扩充到了包括人力资本（从劳动力的质量上考虑）。将索洛经济增长方程和新经济增长方程用 C－D 生产函数的形式表示，如果劳动力的指数项取零，索洛经济增长方程中就转变成了哈罗德经济增长方程，而人力资本的指数项取零，新经济增长方程就转变成了索洛经济增长方程。

社会科学的研究中经常会遇到分类变量，分类变量通常采用离散选择模型进行分析。Logit 系列是离散选择模型中常用的一类模型，主要包括 Logit 模型、广义极值（GEV）模型和混合 Logit 模型 3 种。这 3 种模型的差异主要是指定的误差项的分布函数不同。Logit 模型假设误差项服从 Logistic 分布，并满足独立同分布属性。GEV 模型放松了独立同分布假设，如巢式 Logit 模型假设组内替代选择的误差项之间存在相关性，而组间不存在相关性。如果组内替代选择误差项之间的相关系数为零，那么巢式 Logit 模型就还原成了 Logit 模型。混合 Logit 模型进一步放松了误差项的 Logistic 分布假设，将误差项的分布函数分解成两个组成部分：一是满足独立同分布属性的 Logistic 分布，二是其他任何分布类型。显然，如果只考虑分布函数的第一个组成成分，混合 Logit 模型就还原成了 Logit 模型的形式[6]。

由此可以说明人文科学理论和方法演变的一般特点：旧理论是新理论的特殊情形，旧方法是新方法的特殊情形。当关于未知事实的知识增加时，理论和方法的表述形式会发生变化，但实质依然存在，会留下以前正确经验的痕迹[7]。

1.2　人文科学理论和方法的思考范式

既然人文科学理论和方法在演化过程中会留下以前正确经验的痕迹，那么从以前的正确经验是如何推得现在的正确经验？这就涉及人文科学理论和方法的思考范式。

人文科学的理论和方法体系都明确地阐述了其中的“结构性成分”（体系内一些具体命题的一般属性）和“结构性成分相互之间的关系”（分析的规律）。如索洛经济增长方程描述了产出、资本和劳动力之间的关系。分析的规律是否正确，需要放到一定的“参照系”中检验。通常，一个理论体系包含的结构性成分和结构性成分相互之间的关系，都可以看成是一片黑暗中的光亮点。这种黑暗有一个逻辑名称——剩余性范畴。科学发展的最终目标可以认为是消除一切剩余性范畴。结构性成分、参照系和剩余性范畴是人文科学理论和方法体系的 3 个必要组成部件[7]。

新理论是怎样产生的呢？当从原有理论体系中得出的分析规律与经验事实不一致时，研究人员就会努力从剩余性范畴里找寻新的结构性成分，并建立所有结构性成分之间的关系,如果总结的新规律在参照系中经得起经验事实的检验,就会出现新理论。如根据索洛经济增长方程会得出穷国和富国的贫富差距会逐渐缩小的结论,但现状是差距在逐渐扩大,这种不一致促使研究人员从剩余性范畴中寻找新的结构性成分,新经济增长理论找到的新的结构性成分是人力资本,并建立了人力资本与原有结构性成分之间的关系,用各国人力资本的差异很好地解释了收入差距的非收敛性[5]。这样的例子举不胜举。由此可知,人文科学理论的思考范式是:明晰现有理论体系的结构性成分及结构性成分之间的关系,并在参照系中检验分析的规律。如果与经验事实不一致,就从剩余性范畴中寻找新的结构性成分,并建立所有结构性成分之间的关系,将得到的新的分析规律再放到参照系中进行检验,如此循环下去。因而,可将人文科学理论的探索分为4个步骤:①辨析结构性成分;②辨析结构性成分之间的关系;③在参照系中检验结构性成分之间的关系;④在剩余性范畴中寻找新的结构性成分,然后返回步骤①,如此循环往复下去。

相对来说,方法的思考比理论的思考简单一些,主要涉及结构性成分相互之间的关系。如离散选择模型的演变,主要处理的是误差项与替代选择之间的关系。当然也有新的结构性成分的考虑,如开始时引入分类变量就是考虑了新增加的结构性成分。

需要注意的是,探索新的结构性成分,建立结构性成分之间的关系并不是一件简单的事情,因为对结构性成分的认识也需遵循理论和方法探索同样的思考范式,各结构性成分本身就包含很多结构性子成分,也存在剩余性范畴。如在处理人地关系时,经济增长就成为人地系统的一个子结构性成分。对此的处理开始时大多采用简化的方法,如采用包含性等级层次体系来辨识结构性成分之间的关系[2,8]。

2 人地系统中人文因素研究方面的理论进展

自可持续发展概念提出以来,经济、环境和社会之间关系的讨论日益受到人们的重视,新的理论和方法不断涌现。其中,人文因素研究方面的主要进展有:稳态经济,虚拟水、虚拟水战略与社会适应性能力,需求理论和社会资本4种。从理论演绎的思考范式角度看,这些理论主要是为了更新结构性成分之间的关系和增加新的结构性成分。

2.1 稳态经济

Herman Daly的稳态经济是人文因素分析领域重要的理论贡献之一。他从热力学的角度出发,将经济系统视为生态系统的一个子系统,更新了以前经济系统和生态系统这两个大的结构性成分之间的平行关系。在此基础上,提出了稳态经济的思想,即生态系统维持和补充经济子系统的吞吐量必须是可持续的。同时指出了人类社会发展需要面对的3个问题:①规模问题,要求将全社会的吞吐量限制在生态系统的吸纳能力范围内,即人类社会的发展必须处在地球的承载力范围内;②分配问题,要求社会限制市场的不公平性范围,保证不同个体间(代内和代际间)资源的公平分配;③配置问题,要求经济增长,最高效率地利用自然环境中的物质和能源,并尽量减少向环境中排放废弃物。这3个问题的解决有一定的先后顺序,首先是规模问题,然后是分配问题,最后才是配置问题。这与传统经济学有根本的区别,传统的经济学主要关注稀缺资源的配置问题,而稳态经济把自然环境(生命支持系统)和分配问题摆在了更高的位置[9]。

稳态经济理论尽管不能保证为解决当前复杂的人地关系矛盾提供答案,但它提出了正确的问题,可以帮助指导相关领域科学研究前进的方向。

2.2 虚拟水、虚拟水战略与社会适应性能力

中东地区水资源短缺,Tony Allan 发现中东地区通过进口粮食间接地起到了缓解当地水资源短缺的作用。从这一经验事实出发,Allan 于 1994 年提出了虚拟水的概念和虚拟水战略的思想。通过水－粮食－贸易这条纽带使水资源问题进入社会经济系统,其实质是以贸易为纽带将人类活动与空间格局联系起来,将原有的结构性成分之间的关系空间化。[10]。虚拟水和虚拟水战略使人们认识到社会资源是一种可以用来缓解和适应水资源短缺的资源,社会问题与自然资源问题之间是一种相互转化关系。在自然资源稀缺增加时,如果一个社会不能调动足够的社会资源来缓解和适应自然资源的稀缺,则说明该社会的社会适应性能力不够[11-12]。社会资源的引入扩展了水资源管理的问题域范围,从制度、组织、经济和社会文化等角度增加了水资源管理的对策措施集。

2.3 需求理论

需求理论主要涉及人的动机、价值和行为之间的联系。早期非常著名的是马斯洛的层次需求理论。马斯洛的理论过于强调需求满足的个人原因,否定了不发达国家的人口满足高层次需求的可能性,同时还低估了社会、文化和自然环境的重要性。意识到这些问题,Max-Neef 在区分消费品和需求满足品的基础上,将原有结构性成分之间的等级层次关系更新为相互联系、相互影响的关系,构造了人类需求评价矩阵来评价人类需求的满足程度。在人类需求评价矩阵中,反映人类需求的许多因素都与物质、资源指标没有直接的联系,不会遭受自然资源枯竭的影响。从需求理论来看,社会发展的最终目标显然不是生产或消费得更多,而是人类的需求是否最大程度地得到满足,也就是人们生活得是否幸福。目前已有越来越多的研究人员提出应以幸福或生活质量作为人类福利的测量指标[13-14]。显然,这样的思考是将消费视为了幸福这个新的结构性成分的子成分。同时需要注意,人类需求评价矩阵与社会发展目标结合不太紧密,过于强调个人的发展,同时忽略了人类需求的生态限制[8,15]。

关于需求理论,重大的进展还有 Amaryta Sen 开发的能力方法。Sen 提出了以自由作为价值标准的发展理论,在区分可行能力(指个人获得满足品的能力)和功能性活动(对应于人类的需求)的基础上,开发了发展评价的能力方法,倡导公共政策的设计需要更关注基本能力建设,并提出了基于政治自由、经济机会、社会机会、安全保障、文化价值观和环境保护 6 个基本维度(自由的 6 个结构性子成分)的政策设计框架。同时辨明了能力集转化为功效集受个人转换能力、社会转换能力和环境因素的影响[16-17]。

2.4 社会资本

在经济发展理论的研究中,研究者发现生产投入(自然资本、财务资本和人力资本)的质量和数量上的差异难以全面解释各种工程项目绩效的差异及各社团在管理公共资源、协调共同利益方面的差异。为解释原因,研究人员找到了一种新的结构性成分——社会资本。社会资本指在社会中通过创造、维持社会关系和社会组织模式来增强发展潜力的因素。根据这个定义,社会资本可分解成结构型和认知型两类,其中结构型资本可以反映社会组织结构和功能的影响与作用,认知型社会资本可以反映集体的文化价值观方面的作用和影响[18-19]。目前的研究已充分肯定了社会资本在改善工程绩效、缓解贫困中起的关键作用[20],但其与原有结构性成分(资金、劳动力、人力资本等)之间的精确关系仍在辨明过程中。

同时文化价值观也作为一种新的结构性成分进入了研究人员的视野。当前大量研究发现人的文化价值观对环境态度及人类行为都有影响,其中最有代表性的成果是 Thompson 等的文化理论。文化理论的核心思想是可以根据组织维(隶属组织中成员或组织的约束)及格网维(一些明确的社会规范如传统文化的约束)将人划分为个人主义、等级主义、平等主义和宿命论 4 种类型[21]。由于人的文化价值观可以跨时空比较,文化理论日益引起了环境学家的重视,已广泛用于研究环境变化中人文因素的作用。

3 人地系统中人文因素作用分析的方法

物质、能量和信息是贯穿人地系统的 3 种主要介质,也是当前分析人地系统耦合的主要媒介。生态足迹、能值分析和㶲分析、上升性公式分别是从物质、能量和信息 3 种不同角度开发出来的研究人文因素作用的分析方法。为弄清这些方法的实质,同样结合方法的思考范式来阐述。

3.1 生态足迹

生态足迹是一种测算人类活动对环境影响的指标。生态足迹处理的主要结构性成分是消费和土地面积,在一系列假设条件的基础上,建立了消费和土地面积之间简单的一对一映射关系(简单的消费土地利用矩阵)[22]。如假设各种土地利用都具有排他性,就是对结构性成分之间相互关系的一种简化,从而使总的土地需求可以通过简单加总各种类型的土地面积需求得到。根据消费土地利用矩阵,可以将人类消费转化为生态足迹(以土地面积大小衡量的一个指标)。得到生态足迹这个指标后,如果选择当地的生态承载力作为参照系,就可以将是否存在生态赤字(生态足迹超过生态承载力的情况)作为判断不同尺度上的发展是否可持续的判断依据[22]。但如果转换参照系,比较国与国之间的生态赤字,会发现国家越发达,其生态赤字也越大。根据生态足迹指标,生态赤字大的国家越不可持续,但发达国家比发展中国家更不可持续吗?显然简单根据是否存在生态赤字来判断国家发展是否可持续性存在问题。由这一分析规律与经验事实的差异出发,从剩余性范畴中找到了新的结构性成分——社会资源(可进一步分解成一些子结构性成分,如社会资本、人力资本等)来解释差异的原因,并在认识到社会资源具有缓解和适应环境影响能力的基础上,提出了可持续性评价的新等式 ImPACTS[23],详见第 1 章。

实质上,生态足迹是颠倒承载力的概念,承载力计算地球能养活多少人,而生态足迹计算地球上的人需要多少土地面积来维持消费。从结构性成分之间相互作用的关系来看,也只是反向考虑了原有结构性成分之间的关系。由生态足迹当前的流行程度可见逆向思维在科学探索中的重要作用。

3.2　能值分析和㶲分析

传统的能量分析方法仅关注能量在数量方面的差异,把各种来源和性质不同的能量均以能量单位表示后进行比较分析。按热力学第二定律,在系统的演化过程中,能量除了在数量上守恒外,其品质还会不断地降低。能值分析方法就是将能量的品质差异(新的结构性成分)纳入了分析体系,将原本不能简单相加和比较的不同类别的能量,以太阳能值为共同的度量标准来进行加总和比较,从而将自然环境系统和人类社会经济系统纳入了一个统一的框架中进行定量分析[24]。但能值分析方法仍然存在一定的缺陷,它未能从根本上解决方法体系中核心的能值转换率的确定问题,其转换率的确定受人为影响较大,没有考虑到环境的影响因素。㶲分析方法则从机制上解释了能量品质差异的原因,考虑了能量转化过程中,不仅有直接散失到外部环境中的外部损失,还有转变成**炁**的内部损失,这种内部损失尽管不减少能量的数量,但会降低能量的品质。㶲分析的实质是通过引入环境因素(新的结构性成分),深入剖析了品质这一结构性成分[25],因而能更好地体现能量在自然和社会经济系统中运行的本质。

3.3　上升性公式

通常,增长和发展的定义都是从宏观角度进行定性描述。在信息论的基础上,Ulanowicz 采用网络流量分析方法讨论了生态系统的增长和发展之间的定量关系。通过分室建立了研究生态系统的网络流量图,将增长定义为网络流量系统总产出的增加,反映系统的大小,将发展定义为网络流量系统组织和结构功能的增强(通常用平均相互信息指数表示),并定义了一个上升性指标来反映网络流量的增长和发展[26]。上升性等于网络流量的增长乘网络流量的多样性指数再减掉一个冗余项(网络分室之间的其他相互作用),其中网络流量的增长和多样性指数的乘积被定义为发展能力,是上升性增长的一个上限。这里网络分室可以视为分析系统的结构性成分,而上升性、发展能力和冗余项可视为总结结构性成分相互之间作用关系的指标。文献[27]和[28]曾以中国的能源消费和甘肃省的经济系统为例,运用上升性公式评价了能源系统和经济系统的发展状况。为简化问题的分析,视点主要集中在发展能力与发展和增长的关系上。出于谨慎性原则,将增长部分转化为环境影响的测量指标,并将环境影响不增加和发展增加作为判断系统状况可持续的标准,以此为参照系评价了研究系统的演化状态。

4 人地系统中人文因素作用分析的概念框架

从人文科学理论和方法演变的规律与思考范式的角度来看,人文科学理论和方法的探索一般需要从已有的理论框架出发,采用简化的方法,从简单到复杂,一步一步深入展开的。IPAT 是人类活动对环境影响评价的经典等式,是一种简单的因果关系概念模型。下面就从 IPAT 等式出发,首先辨析了环境影响评价中的人文因素及各结构性成分之间的关系,然后以水资源管理为例,探讨人地系统中人文因素作用分析的概念框架。同时考虑到在参照系中检验结构性成分之间的关系需要针对具体的分析对象才能确定,因而这里将其归入辨析结构性成分之间的关系一起阐述。

4.1 辨析人文因素

IPAT 等式将人文因素分解为人口、富裕和技术,认为这 3 种独立的人文因素的联合作用造成了环境影响,尽管通常这 3 种人文因素不是独立的[29]。在 IPAT 等式的基础上发展的 ImPACT 等式,进一步将人文因素分解为人口、富裕、消费和技术[30]。按这一思路,人文因素当然也可以进一步分解为如人口、经济活动、技术、政治和经济制度、态度和信仰等[31]。

在工作中,可以采取等级层次系统的分解方法,将从 IPAT 等式出发分解的人文因素分解成更多的子结构性成分。其中人口可以分解成数量和文化类型两种。富裕通常用 GDP 或收入表示,反映了生产对环境的影响。由于很容易将 GDP 或收入与经济增长方程联系起来,所以富裕可以进一步分解为自然资本、金融资本、劳动力、人力资本和社会资本等子结构性成分。社会资本也可以分解为结构型社会资本和认知型社会资本两个子结构性成分。消费可以分解成基本的生活消费和炫耀性消费等子结构性成分,同时也可以将消费作为手段,与其他的需求满足品一起作为目标幸福这个大的结构性成分的子成分。为了将生产和消费空间化,还需将贸易视为生产和消费这两个结构性成分的子成分。技术进步又可以分解为提炼过程和终端过程的技术进步两个子结构性成分。当然这种分解不是唯一的,实际中根据对结构性成分的认识程度,还可以增加其他结构性成分或子成分。

4.2 辨析结构性成分之间的关系

从上述人文因素的分解中,可以发现辨析环境影响评价中人文因素作用的复杂性。比如人的文化类型和集体的文化价值观之间是怎样的联系,从广义的尺度角度来看,这属于文化价值观的尺度演绎问题[2]。其中新引入的社会资本,与原有的资本类型是一种互补型关系,这显然丰富完善了原有的替代关系。如果从人地系统的背景出发,会发现需要揭示的结构性成分之间的关系愈加多样和复杂。

从 IPAT 等式出发展开的研究,考虑的只是一种简单的因果关系,辨析的关系主要集中在流量上,可以通过分析得到人类活动对环境的影响大小[22]。但影响的绝对大小通常并没有太大的意义,需要放到一定的参照系中比较才有意义。在人类活动对环境的影响评价中,选择的参照系通常是生态系统的承载力。这时,问题就变为这种环境影响的大小是否在生态系统的承载力范围内。确定生态系统的承载力显然需要对生态系统健康和整体性的评价,这可以按照前面介绍的理论和方法演变的框架展开生态系统这个结构性成分,具体细节不再赘述。但需要强调的是,评价人类活动对环境的影响必须考虑影响受体——生态系统本身的状态,关注生态系统存量本身,因为生态系统本身具有路径依赖系统的特征,其演化结果不仅与人文因素和自然因素的变化有关,还与本身的状态有关[3,32]。

如果进一步拓宽视野,将人类社会系统视为环境系统的一个子系统,就不难认识到人类活动对环境影响的反作用力,反过来会限制人文因素自身的演变。弄清人文因素自身的演变规律,显然要求关注社会资源存量本身,因为人类社会的发展本身也具有路径依赖系统的特征[3,32]。于是就会提出新的问题,如何测定环境影响对人文因素的影响?如何测定社会资源的存量?如何测定社会资源缓解和适应环境影响的能力?显然对这些问题的回答需要将环境、经济和社会纳入一个统一的框架中,采用集成的评价和模拟的方法解决。

4.3　分析的概念框架

当前面对的复杂环境问题(水资源短缺、生物多样性损失、水土流失、沙漠化、气候变暖等)都是人地关系相互作用的结果,都需要放到人地系统的背景中解决。这里以水资源管理为例,阐述分析人文因素作用的概念框架,其他问题分析的概念框架与此类似。

面对结构性成分之间复杂的关系,如果不想得到随机的结果,就必须将可获得的途径集中到具体的目标上,然后根据具体的目标再探寻具体的对策措施集,进而分析人文因素的作用。当前世界上很多地方,可持续发展面对的核心问题就是水资源管理问题。根据前面介绍的稳态经济的思想,可持续发展面对的问题按等级层次系统分解可分为规模问题、分配问题和配置问题。与此对应,水资源管理的目标也可以细分为规模问题、公平问题和配置问题。其中规模问题是指水资源的可持续利用率要低于其更新率;分配问题可进一步扩展为水资源管理如何促进人民幸福生活程度的提高;配置问题即如何提高水资源的利用效益。

针对规模、分配和配置这 3 个问题,也可参考思考的范式和等级层次体系进一步细分为对应的子问题。如规模问题,可分为直接措施(如限制水资源的开发和实施可交易取水许可证)和间接措施(如通过贸易研究承载力的进出口)对规模的影响两个子问题;分配问题,可以通过将幸福的目标分解成 6 个结构性子成分,并与水资源管理的目标融合后进行评价和分析。下面幸福与水资源管理目标的融合只是一种初步的尝试,如政治自由可采用用水户协会的发展来表征;经济机会采用水市场的培育发展状况来表征;社会机会主要用社会教育(如水资源方面的)、医疗保健等方面的社会制度安排状况来评定;安全保障采用干旱保险的实施情况来判定是否提供用水安全网；文化价值观通过居民的文化类型来反映；环境保护用生态环境用水量来表征。同样配置问题也可以进一步分解为内部水资源配置和外部水资源配置问题。第5章以此为框架，对张掖市水资源管理进行了战略规划。

针对这些分解的问题，如何分析人文因素的作用呢？显然可以采用等级层次系统的分解方法，针对每个问题，重复4.1和4.2节介绍的内容，将分解的问题和分解的人文因素视为结构性成分，在水－生态－经济－社会系统的背景下探讨这些结构性成分之间的关系。揭示结构性成分之间的关系，尽管研究方法多种多样，但实质共性的东西依然存在，大多也符合方法的思考范式。通常研究方法主要有评价、统计和优化3种。其中评价方法的共性已在人文因素作用分析的方法部分总结，统计分析方法的共性也在人文科学理论和方法演化的规律部分总结；优化方法可以采用运筹学技术，而运筹学中的线性规划、整数规划和动态规划等技术显然也符合方法演变的规律与思考的范式。

4.4 启示

事实上，结构性成分之间关系的揭示都非常复杂，上面简单的框架中就有很多目前理论所未能解释的关系。可以预见，伴随科学的进步，这些未知的谜团会逐一揭开。需要强调说明的是，对剩余性范畴中任何新的结构性成分及其关系的揭示都会带来重大的理论发展。前面介绍的稳态经济、虚拟水、需求理论和社会资本等就是例子。当然揭示任何新的结构性成分及其与原结构性成分之间复杂的关系非常难，需要对原有的结构性成分及其相互作用关系有深刻的理解，需要深刻洞悉新的结构性成分。但这里不是想说明科学探索的难度，而是为什么那些杰出的科学家能想到这些？这对那些有志于更新理论的研究人员来说非常重要。阅读文献时能想一想别人是怎么想到的，就可能不会简单地模仿别人的工作。

下面的答案只是作者的思考。对人地系统的研究而言，首先需要采用系统的思考方法，视野从简单的经济，逐渐扩充到环境和社会，从简单的线性确定关系转向非线性的动态关系。通常事物性质的变化很难用机械论的数学解析形式来研究，因而要求用辩证的观点来建立分析的框架，用机械模型来对辩证的观点进行检验。

同时，社会的引入更需要引入辩证推理的观点。因为很多价值判断都是规范性的，其正确答案不只一个，这要求排斥两元论的论点，事情并不是只有好、坏两种划分。对生活而言，这要求人要具有更多的宽容心。因为人各有识，人各有尺，人各有度，人各有势。

另外，科学家着手研究某个问题，一般是由现有理论体系本身的结构决定的。但是在问题的背后还有一个问题：他为什么会对这个理论问题感兴趣？显然这与他的世界观有关。我们认为科学工作者恰当的世界观是："功名富贵逐世转移，而气节千载一日"[33]。不如此就不能静下心来，谈不上取得真正的成就。

5　结论

本文在总结人文科学理论和方法演变规律与思考范式的基础上,试图提供一个辨析人地系统中人文因素作用的分析框架。

(1)总结了有关人文因素分析理论和方法演变的一般规律,以宏观经济增长模型的演变和离散选择模型为例,说明旧的理论和方法通常是新的理论和方法的特殊情形。同时探讨了人文科学理论和方法的思考范式。其范式为:在明晰现有结构体系成分及结构性成分相互之间关系的基础上,从剩余性范畴中发现新的结构性成分,并建立所有结构性成分之间的关系。

(2)结合人文科学理论和方法的思考范式,阐述了当前人文因素研究领域中主要的理论进展,包括稳态经济、虚拟水、虚拟水战略与社会适应性能力、需求理论和社会资本,同时以贯穿人地系统的3种主要介质(物质、能量和信息)为例,阐述了当前流行的生态足迹方法、能值分析和分析方法及上升性公式在理论和方法演变规律上的借鉴意义。

(3)从简单的因果关系模型IPAT等式出发,详细阐述了环境影响评价中人文因素的辨析和结构性成分之间的关系辨析。以水资源管理为例,结合当前人文因素研究方面新的理论进展,提供了一个辨析人地系统中人文因素作用分析的概念框架,并探讨了这种思考范式对科研工作者的启示。

参考文献

[1] 科勒曼. 生态政治：建设一个绿色社会[M]. 梅俊杰译. 上海：上海译文出版社，2002.
[2] Gibson C C, Ostrom E, Ahn T K. The concept of scale and the human dimensions of global change: a survey[J]. Ecological Economics,2000, 32(2): 217 - 239.
[3] Geoghegan J, Pritchard L, Jr, Ogneva - Himmelberger Y, et al. "Socializing the Pixel" and "Pixelizing the Social" in land - use and land - cover change [M]//Liverman D, Moran E F, Rindfuss R R, et al, ed. People and pixels: Linking remote sensing and social science, national research council, Washington DC, 1998: 51 - 65
[4] 张金水. 确定性动态系统:经济控制论[M]. 北京：清华大学出版社，1989.
[5] Romer D. Advanced macroeconomics[M]. New York: McGraw - Hill Higher Education, 2001.
[6] Train K. Discrete choice methods with simulation[M]. Cambridge: Cambridge University Press.
[7] 帕森斯. 社会行动的结构[M]. 张明德，夏遇南，彭刚译. 南京：译林出版社，2003.
[8] 科斯坦萨，乔根森. 理解和解决21世纪的环境问题——面向一个新的、集成的硬问题科学[M]. 徐中民，张志强，张齐兵等译. 郑州：黄河水利出版社，2004.
[9] 戴利,法利. 生态经济学原理与应用[M]. 徐中民，张志强，钟方雷等译. 郑州：黄河水利出版社，2007.
[10] 程国栋. 虚拟水-中国水资源安全战略的新思路[J]. 中国科学院院刊，2003(4)：260 - 265.
[11] Ohlsson L. Water conflicts and social resource scarcity[J]. Physical Chemistry Earth (B). 2000, 25 (3): 213 - 220.
[12] 徐中民，龙爱华. 中国社会化水资源稀缺性评价[J]. 地理学报，2004，59(6)：982 - 988.
[13] Bruni L, Porta P L. Economics and Happiness: Framing the Analysis[M]. Oxford: Oxford University Press, 2005.

[14] 程国栋，徐中民，徐进祥. 建立中国国民幸福生活核算体系的构想[J]. 地理学报，2005，60(6)：883 - 893.
[15] Jackson T, Jager W, Stagl S. Beyond insatiability: Needs theory, consumption and sustainability. in Reisch L, Ropke I, ed. The Ecological Economics of Consumption[M]. Northampton: Edward Elgar. 2004.
[16] Todaro M P, Smith S C. Economic development[M]. New York: Addison Wesley,2003.
[17] 阿马蒂亚·森. 以自由看待发展[M]. 任赜，于真译. 北京：中国人民大学出版社，2002.
[18] Halpern D. Social Capital[M]. Cambridge: Polity Press, 2005.
[19] 李玉文，徐中民. 社会资本定量评价方法及应用——以黑河流域为例[J]. 冰川冻土，2007，29(5)：830 - 836.
[20] Pretty J. Social capital and the collective management of resources[J]. Science, 2003, 302: 1912 - 1914.
[21] Thompson M. Ellis R. Wildavsky A. Cultural theory[M]. Oxford: Westview Press, 1990: 21 - 38.
[22] 徐中民，程国栋，张志强. 生态足迹方法的理论解析[J]. 中国人口资源与环境，2006，16(6)：69 - 78.
[23] 徐中民，程国栋，邱国玉. 可持续性评价 ImPACTS 等式[J]. 地理学报，2005，60(2)：198 - 208.
[24] Odum H T. Environmental accounting: Energy and environmental decision making[M]. New York: John Wiley & Sons Inc, 1996: 15 - 34.
[25] 郑宏飞. 炯:一种新的方法论[M]. 北京：北京理工大学出版社，2004.
[26] Ulanowicz R E. Growth and development: ecosystems phenomenology[M]. Linclon: toExcel Press, 1986.
[27] Xu Zhongmin, Cheng Guodong, Chen Dongjin, et al. Development capacity and sustainable development of China[J]. Ecological Economics, 2002, 40(3): 369 - 378.
[28] 黄茄莉，徐中民. 上升性理论在经济系统中的应用——以甘肃省为例[J]. 生态学报，2007，27(11)：4785 - 4792.
[29] Ehrlich P R, Holdrens J P. The Impact of population on growth[J]. Science, 1971, 171: 1212 - 1217.
[30] Waggoner P R, Ausubel J H. A framework for sustainability science: a renovated IPAT identity[J]. Proc. Natl. Acad. Sci., 2002, USA 99: 7860 - 7865.
[31] 徐中民，程国栋. 中国人口和富裕对环境的影响[J]. 冰川冻土，2005，25(5)：767 - 773.
[32] Arthur W B. Competing technologies, increasing returns, and lock - in by historical events[J]. The Economic Journal, 1989, 91: 116 - 131.
[33] 洪应明著. 马凤华，何芳译评. 菜根谭[M]. 长春：吉林文史出版社,2001.

3　生态经济研究中的整体性视角

摘要：在简要介绍整体性视角含义的基础上，总结了生态经济学基本思想、主要问题、学科演替、新兴领域及未来研究主题中体现的整体性视角。分析了传统的水资源社会经济循环规律研究的劣势，在简单介绍了上升性（效率）、发展能力、恢复力和可持续性等指标及其含义后，开发了整体性视角下的水资源社会经济循环规律研究框架。最后系统地总结了整体性视角在生态经济研究中的作用，阐述了在研究工作中培养整体性视角的途径。

1　引言

从古代朴素的整体论演变到还原论，科学研究的方法论现在进一步演变成了整体论与还原论相结合的方法论[1]。这要求研究者重视对分析系统整体结构特征的把握。通常在研究复杂系统的时候，由于知识或其他条件的限制，研究者大多是从局部入手，采用分解后再集成的研究思路来探讨要素之间的关系[2]，忽视对系统整体结构特征的刻划。另外，复杂系统都具有局部组分相互作用后涌现出来的整体特征，这种整体特征不是系统局部组分所固有的，而是局部组分相互作用后产生的一种结构效应。因此，采用分解后集成的还原论方法很难刻划系统的整体结构特征。刻划系统的整体结构特征，需要具备整体性视角，将对整体的研究放在局部研究之前，重点放在要素之间的相互作用关系如何维持分析系统的整体结构特征上。

所谓整体性视角，就是强调从整体的角度辨析分析的要素，从各种不同的角度（尤其是整体的或对立面的角度）思考要素之间的相互作用关系及表现出来的整体结构特征。在科学研究中，可以发现整体性视角主要体现在辨析要素和澄清要素之间的关系上。研究表明人文科学理论的探索分为3个步骤：①辨析要素（第2章称结构型成分）；②辨析要素之间的关系；③在参照系中检验要素之间的关系[3]。显然，辨析要素和澄清要素之间关系是科学这种无尽的探索中需要循环反复进行的两个步聚。辨析要素主要涉及一个系统边界的划分问题。因为要证明干预（通过改变系统中的要素，从而达到影响系统整体结构特征的目的）的正当性，就需要增加考虑新要素或要素的新性质，显然需要整体性视角。由于要素之间的关系类型多样（有显性的、隐性的、局部的、整体的、替代的、互补的），总结要素之间的关系（尤其是隐性的和整体的关系）也需要整体性视角。据此本章在简要阐述整体性视角概念的基础上，结合生态经济的研究，从生态经济学基本思想、主要问题、学科演替、新兴领域及未来研究主题中提炼总结了整体性的视角。然后将这种整体性视角运用到水资源社会经济循环规律的研究中，开发了整体性的研究框架，用来揭示水资源社会经济循环系统中存在的隐含的整体结构特征。最后系统地总结了整体性视角在生态经济研究中的作用，并阐述了在研究工作中培养整体性视角的途径。这些研究有助于读者在复杂系统的探索中理出头绪，对生态经济及相关学科创新工作的开展具有重要的指导意义。

2 从整体的角度辨析要素

2.1 生态经济学基本思想和主要问题中的整体性视角

生态经济学的基本思想主要体现在正确的定位和扩展的视野上[4]。生态经济学的核心观点是将人类社会经济系统视为生态系统的子系统,即将人类社会经济系统视为局部,生态系统视为整体。基于这种正确的定位,就很容易认识到经济扩张存在机会成本,经济增长存在是否经济的问题,从而引出需要重视经济增长规模等问题。其次生态经济学重视熵流,认为来自自然环境系统的熵流比孤立经济系统内部本身的交换价值流更基本[5],并据此提出了稳态经济的思想,即生态系统维持和补充经济系统的吞吐量必须是可持续的。对熵流的重视说明生态经济学的野从经济系统本身扩展到了生态经济系统。显然,拥有正确的定位和扩展的视野需要具有整体性视角。

在具体处理人类社会经济系统与生态系统的关系时,生态经济学指出了人类社会发展需要面对的3个问题:①规模问题,要求将全社会的吞吐量限制在生态系统的吸纳能力范围内,即人类社会的发展必须处在地球的承载力范围内;②分配问题,要求社会限制市场的不公平性范围,保证不同个体间(代内和代际间)资源的公平分配;③配置问题,要求经济系统最高效率地利用自然环境中的物质和能源,并尽量减少向环境中排放废弃物。这3个问题的解决有一定的先后顺序,首先是规模问题,然后是分配问题,最后才是配置问题。尽管生态经济学还未能就这3个问题给出答案,但它至少提出了正确的问题[4,5]。生态经济学为什么能在传统经济学关注配置问题的基础上提出规模问题和分配问题呢?其中规模问题的提出是因为有正确的定位,在生态经济系统的背景下,人类社会需要在地球承载力的约束内发展。分配问题的提出是认识到了人文要素与自然要素之间性质的差异,将研究视点从要素之间的替代性转移到互补性上,而且重视人文因素的主导作用。规模问题和分配问题的提出都充分体现了整体性视角。

2.2 生态经济学学科演替中的整体性视角

除了生态经济学的基本思想和主要问题中体现了整体性视角外,在生态经济学学科和研究领域的演替中也体现了整体性视角。需要注意的是,一定背景条件下的整体性视角,在另外的背景下可能就是局部的视角。这里讨论的是特定背景下的整体性视角。

Georgescu-Roegen(1906 - 1994)是第一位从热力学角度探讨经济活动和自然环境之间相互作用关系的经济学家,他的生物经济学思想是在原有经济系统这一要素的基础上,平行引入了生态系统这一新要素,并重视熵流的分析[6],这扩大了传统经济学研究的视角范围。作为Georgescu-Roegen的学生,Herman Daly继承和发展了Georgescu-Roegen的学术思想。Herman Daly从热力学的角度出发,重视熵流的分析,将经济系统视为生态系统的一个子系统,并提出了人类社会发展所面临的规模、分配和配置问题[2,3]。Herman Daly 是在 Georgescu-Roegen 的整体性视角下,开展了精彩的分解工作(如重视要素的互补性,提出了新的生产函数等)。人文生态经济学的研究主要是在经济系统和生态系统这两大要素的基础上,对人这一要素给予了充分的关注。哲学、心理学、社会学和宗教学研究中定义的意识形态和存在方式被视为构成人的重要子要素,而在生态学、经济学和生态经济学中对此重视不够[7]。在 Roy Allen 构造的人文生态经济学的研究框架中,提出了 4 个最基本的要素(信仰、社会协议、自然环境和资源、人口),认为其他一些新现象(如制度、组织、公司、经济系统等)都可由这 4 个基本要素的相互作用演化而来[8]。因此,人文生态经济学可以更综合全面地识别和解释经济过程。Roy Allen 的工作进一步扩大了 Georgescu-Roegen 的整体性视角范围,并开展了精彩的分解工作,与 Herman Daly 的工作一样,将整体论和还原论很好地结合在了一起。

2.3 生态经济学新兴领域中的整体性视角

最近,生态经济研究中出现了很多新的研究领域,如生态足迹、气候变化的脆弱性和适应性、生态补偿和集成的水资源管理等。这些新兴领域大多是逆向思考原有要素之间的关系衍生出来的:①承载力与生态足迹,承载力计算地球能养活多少人,生态足迹计算地球上的人需要多少土地面积来维持消费[9,10];②CO_2 减排与气候变化影响的适应性,在全球变暖的背景下,CO_2 减排困难重重,才转而研究人类社会对气候变化的适应性[11];③传统的环境保护措施与生态补偿,传统的环境保护措施(如环境税)强调减少环境的负外部性,而生态补偿强调增加环境的正外部性[12];④命令控制型水管理与集成的水管理,命令控制型水管理是一种自上而下的水资源管理方式,集成的水资源管理因强调公众的参与,是一种自下而上的水资源管理方式[13,14]。由此可见,具备整体性视角就可以很好地理解生态经济学研究中这些新领域出现的原因,开创者们是怎样思考出来的。

2.4 生态经济学未来研究主题中的整体性视角

图 3.1 是开发的生态经济研究的概念框架。该概念框架包含 5 个主题:①人类社会系统的演化如何影响环境;②环境系统的变化如何影响人类社会系统发展的路径;③环境系统内的相互作用和对人类社会系统变化的响应;④人类社会系统内的相互作用和对环境系统变化的响应;⑤整体性视角下的人类—环境系统的演化。其中主题① ~ ④是按理论探索范式[3]确定的研究主题,主要探讨辨析的要素相互之间的作用关系及要素内部子要素相互之间的作用关系。这与当前国际人文因素研究计划,如全球变化与城市化计划、全球环境变化的制度因素计划、全球土地计划等研究计划讨论的主题及思路类似[15]。主题⑤总结主题① ~ ④阐明的相互作用关系在时空尺度上的演变规律。相对而言,主题⑤具有更广泛的整体性视角,将主题① ~ ④讨论的问题在时空尺度上进行了扩展。这与当前国际研究计划集成人在地球上的历史和未来(IHOPE)的思路一致,IHOPE 计划的根本目标是在不同的时间尺度上研究人与环境的相互作用关系,并预测人与环境系统未来的

发展方向，这一计划有助于更好地从过去认识未来[16]。值得注意的是，图3.1中研究主题⑤中的两只眼睛是作者有意加上的，是为了提醒读者在研究中，一只眼睛需要关注看得见的事物，而另一只眼睛需要关注看不见的事物，提醒对隐含的整体结构特征的关注。本章第3节提出的水资源社会经济循环规律研究框架，是揭示隐含的系统整体结构特征的一个具体例子。

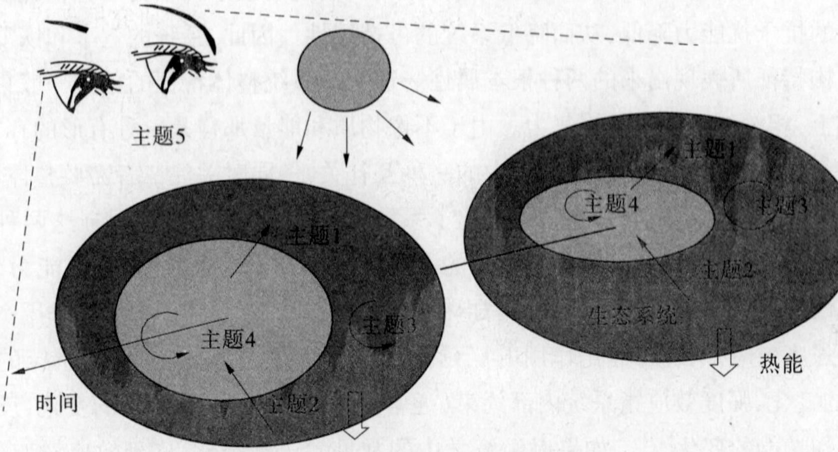

图3.1　生态经济学研究的概念框架

3　辨析要素相互作用所表现出来的整体结构特征

3.1　水资源社会经济循环规律研究的传统框架及不足

水资源问题目前已经广泛延伸到社会经济领域，因而水资源社会经济循环规律的研究是当前水问题研究的热点问题之一[17]。由于水资源主要是以虚拟水的形式嵌在商品中参与社会经济循环，因而揭示其循环规律主要就是揭示国家或区域商品和服务的运行规律。传统的分析框架通常是：采用物质平衡方法刻划水资源的迁移转化路径、大小，以及在部门之间的分配，或者基于混合型投入产出表，通过结构分解分析、乘数分析及结构化路径分析等方法，分析影响水资源循环过程的因素，以及这些因素对水循环的影响程度与影响路径。这些传统的分析方法大多局限于经济增长目标，采用的是局部分析方法，其分析结果注重流经系统或网络特定路径上吞吐量的变化，而较少关注系统整体结构特征的变化，因而很难提供系统解决问题的对策。将一些反映系统整体结构特征的指标与上述局部分析得到的指标结合起来，显然可以弥补上述不足。

3.2　评价系统整体结构特征的指标

系统的演化状态是由自催化作用（增加系统有序、约束过程中最关键的过程）和耗散过程相互作用的结果[19]。自催化作用对系统组分施加选择压力,吸收资源进入系统选择的路径,提高系统的效率。耗散过程的作用完全相反,但储存了系统的恢复力。在关注的等级层次上,自催化作用和耗散过程通常代表的是对抗性的两种趋势。在更高的层次上,这两种趋势又是互不可少的,因为系统效率的增加需要恢复力的存在。最大化系统的效率,系统可能变得非常有效,但伴随自催化作用增强引起的是系统结构简化,功能减弱,进而使系统的抗干扰能力降低,从而降低系统的可持续性。因此,系统的效率和恢复力是系统整体结构特征所表现出来的两种根本属性。通常对系统整体特征的关注一般集中在系统的效率上,相对忽视系统的恢复力。由于不像物质和能量那样是一种有形的存在事物,效率和恢复力是隐含在系统整体结构中的一种互补关系,同时关注二者需要整体性视角。生态学家 Ulanowicz 以信息论为工具,量化了系统的效率和恢复力,并根据这两种属性之间的损益关系,推导了度量系统可持续性的衡量标准。开发了上升性、发展能力、恢复力和可持续性等反映系统整体结构特征的指标。这些指标综合反映了自催化作用产生的广延效应和强度效应,系统自催化作用的广延效应指系统活动水平(通常用系统的总吞吐量表示)的变化,强度效应指系统内部约束(通常用平均相互约束表示)的变化,反映系统组织结构和功能的变化[19]。如果以经济学中的常见术语来类比,广延效应对应于增长,而强度效应对应于发展。下面简要介绍一些从系统演化角度推导的评价系统整体结构特征的指标。

(1)上升性

全面量化系统受到的约束程度的一个指标,是对系统的强度效应采用广延效应进行标度①转化得到的一个指标。该指标反映系统的效率,从复杂性的角度来看,反映的是系统复杂性中的有序部分。

(2)发展能力

同许多其他过程一样,系统的增长和发展不可能无限制地继续下去,真实系统上升性的增加可能会逐渐变慢甚至降低。发展能力指上升性变化的上限,采用广延效应标度系统的复杂性(可用 Shannon 多样性公式来计算)来表征。从复杂性的角度来看,发展能力表述的是系统整体的复杂性[20]。

(3)恢复力

恢复力是用发展能力减上升性来计算。恢复力评价的是系统中残留的无序部分,也指系统内部所具有的自由度和灵活性。恢复力与上升性是相对应的一个指标,系统上升性增加,其恢复力必定减少,也就是系统的效率高,其脆弱性一定增加。俗语"刀子磨得锋利,用来顺手,但容易折断"清晰地阐明了上升性和恢复力之间的关系。从复杂性的角度来看,恢复力表述的是系统复杂性中的无序部分[21]。

---

① 因为信息指标传递不了任何关于系统大小的信息,对信息指标进行标度是为了在指标中能反映系统的物理规模效应。

(4)可持续性

根据上升性和恢复力这两种属性之间的损益关系,可以构造一种同时反映上升性和恢复力趋势的适应性函数。同样对适应性函数进行广延效应标度,可以得到表征系统可持续性的指标。这样的可持续性指标改进了通常用广延量评价系统可持续性的缺陷,如用 GDP 来评价经济系统效率。如果有足够研究案例,可以整体勾勒系统可持续的空间范围,发现系统最优的可持续点,并求出一阶路径的吞吐量对系统可持续性的贡献,从而找到使系统朝最优可持续方向发展的方案[22]。

上述指标的详细计算公式可以参考文献[18~22],这里从略。

3.3　整体性视角下的水资源社会经济循环规律研究框架

图 2 是考虑了内陆河流域用水特征后提出的水资源社会经济循环规律研究框架。在该框架中有两点是值得注意的。一是在传统研究思路(图 2 的右半部分,参见 3.1 部分的解释)的基础上,补充了从评价系统整体结构特征的上升性、发展能力、恢复力、可持续性等指标,二是采用分解研究的思路,结合当地的实际情况,采用蓝/绿水比例系数修正了常规的用水系数。开发新框架采用的是整体论与还原论相结合的方法论。

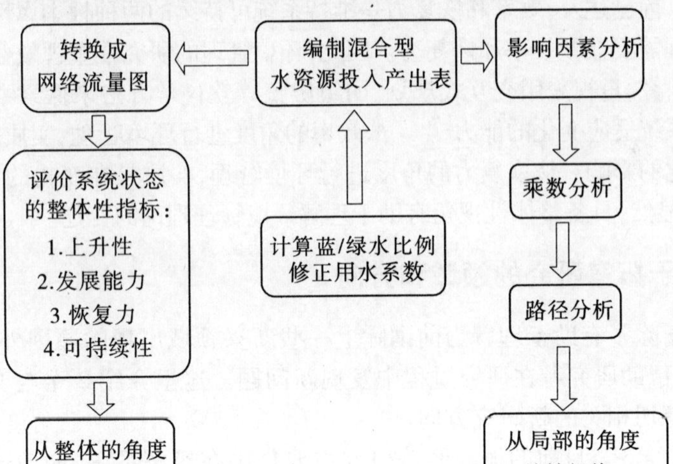

图 3.2　内陆河流域水资源社会经济循环规律的研究框架

前已述及,局部分析因为较少关注系统整体结构特征的变化,因而据此采用的干预行为很可能在全面改善系统行为方面起到适得其反的效果。从整体性视角出发开发的水资源社会经济循环规律研究框架,不仅可以分析系统吞吐量的变化,还可以定量分析系统整体结构特征的变化,并提出使系统向着最优可持续方向发展的方案,显然可以更全面地评价系统的行为,为水资源利用提出的解决方案也更系统。该框架具体的实证分析可以参考文献[23],限于篇幅,这里从略。

4 讨论

4.1 整体性视角在生态经济研究中的作用

4.1.1 有助于弄清理论之间的联系

第2节关于整体性视角的讨论,可以从概念层面上帮助读者把握生态经济学发展变化的脉络。落实到具体的理论变迁上,整体性视角也具有同样的功效。下面以环境管理理论的变化为例来说明。

目前,环境管理理论已从关注效率向关注恢复力转变,国际恢复力联盟已经开展恢复力研究20多年,形成了一些理论和实践指导原则,并帮助许多区域重构了恢复力[24]。环境管理理论为什么会从关注效率向关注恢复力转变呢?以前很多环境管理理论,如最佳觅食理论、达尔文的适者生存等理论主要强调对效率的研究[25]。因为假设存在最优的目标,环境管理问题也一直被视为一个最优化问题。实际上,生态系统、社会经济系统都是急剧变化的动态系统,目标本身就不确定,采用硬科学方法(如运筹学和控制论)进行分析研究很难达到预期的目标。前已述及,效率和恢复力是维持系统可持续的两种根本属性,二者的互补关系说明环境管理需要兼顾效率和恢复力。因此,环境管理的研究在重视效益的同时,也开始兼顾恢复力的研究,重视采用交互式规划、团组协整等软科学方法来探索系统演化的目标,采取措施提高系统适应变化的能力[26]。从效率的角度进行环境管理,实质是在系统稳定的基础上探讨变化的影响。从恢复力的角度进行环境管理,实质是在变化的背景下探讨系统的稳定性[25]。显然,具备整体性视角有助于理解环境管理理论的变迁。

4.1.2 有助于拓宽研究的领域和方向

整体性视角除了有助于理解当前国际上一些新兴领域出现的原因外,还有助于催生研究者的联想,帮助研究者在研究过程中发现新问题。这里介绍2个与文中介绍的整体结构特征指标密切相关的新研究方向。

(1)大循环经济。目前的循环经济研究主要集中在经济系统,期望通过提高资源环境的利用效率来缓解资源和环境的压力。通过技术进步提高资源环境利用的效率,确实能起到减物质化、减污染化和再循环利用等作用,也能减少单位利润的资源消耗量和污染物产生量,但真能减少生态经济系统中的资源吞吐量吗?文献[27]阐明了技术进步→利润增加→消费→研究和开发→技术进步是一个正反馈的回路。某企业如果效率高(自催化作用强),随系统的演化,结果将是该企业将其他同类企业利用的资源吸收过来,或者通过技术扩散将自己的自催化过程复制到其他地区,加大对吞吐量的需求,从而增大对资源和环境的压力。Rothman 的著名推断①指的就是这种情况。那出路何在呢?面对日益

① 从消费的角度来看,环境 Kuznets 曲线并不存在。因为发达国家在增加国民富裕程度的同时,也增加了通过贸易将其环境影响转移到了其他地区的能力,见文献[28]。

加剧的生态环境压力,Hawken 指出关键是创造一个可持续发展的企业模式,可持续的企业应该是模仿生态过程中可持续生产和分配行为的企业[29]。将经济过程纳入整个生态经济系统中来探讨的循环经济就是大循环经济,显然这是值得深入研究的新方向。

(2)人类福利的测量指标。目前对人类福利的测量研究进展不大,采用的方式大多是以消费为目的的计算方法,将环境成本和社会成本从经济收益进行扣除,如从 GDP 中扣除环境成本得到的绿色 GDP 指数,进一步扣除社会成本得到的可持续经济福利指数等[30]。尽管存在同时考虑经济和社会状况的人文发展指数、生活质量指数,以及根据人心理感知判断的生活幸福程度等指标,但这些指标大多也只是关注某个变量及变量组合的广延效应,而很少关注反映系统结构和功能变化的强度效应。上升性、发展能力、恢复力、可持续性等指标,同时考虑了系统演化过程中的广延效应和强度效应,显然这些指标比 GDP 这种仅考虑广延效应的指标更能反映经济发展的状况。这些指标与衡量人类福利的指标(幸福、生活质量、人文发展指数等)之间是怎样的关系?能否将其纳入人类福利测量指标体系中?对此开展研究不仅可以促进人类福利测量指标的进展,而且有助于提高公共政策决策的水平和质量。

4.1.3 有助于从系统的角度提出解决问题的方案

针对一些复杂问题,从整体性视角开展研究可以提供系统性的解决方案。

复杂系统(包括当前的货币和财务系统)如果是以牺牲恢复力为代价来过度地追寻效益,那么系统将是不稳定的[31]。针对当前的金融危机,Lietaer 等(2009)认为传统的解决方案如将不良资产收购和商业银行国有化等,由于道德风险及连锁效应的存在①,大多是治标不治本,结果只能减少了危机发生的频率,而不能避免危机产生。他提出了多样化货币体系来增加当前货币系统恢复力的系统解决方案,如在价值交换领域,引入信用这样的货币形式。引入的新货币只具有作为交换媒介的作用,不具有储备价值或投机的功能,也就是在交易发生的时候不需要付税,储存该货币也得不到利息。设计新货币的目的是将国家、地区或社团未利用的资源与未满足的需求联系起来。新货币与传统意义上的货币是一种互补关系,期望在国家银行系统瘫痪的时候能发挥作用。目前这方面一个突出的例子是瑞士的 WIR② 货币,至今这种货币已经运行了 75 年,有 1/4 的商业机构参加了该系统,正式的统计分析表明 WIR 对瑞士经济的长期稳定起到了重要的作用[32]。

针对公共地悲剧,经济学家提出的传统方法是通过明晰产权来解决,但这缓解不了参与者的贪欲,破坏公共地的动机一直存在。考虑到这一点,针对公共地悲剧,研究人员提出的通过增加社会资本,加强居民之间的凝聚力,通过增加环境意识来减少对环境的损害。这样的对策措施就是在整体性的视角下研究得出的结论,相对明晰产权来说是一种更系统的解决方法[33]。

---

① 银行陷入资金危机的同时,一般也会陷入信用危机,而信用危机又会进一步加剧资金危机,这是一个恶性的循环,从而使银行体系缺乏支持经济复苏所需要的足够资金。

② 德语是我们的意思。

4.2　在研究工作中培养整体性视角的途径

从前文的阐述中可以看到整体性视角在分析问题和解决问题中所具有的优势，如何在研究工作中培养整体性视角呢？这里推荐 4 种途径：①双眼前行；②与对象保持足够的距离；③将系统整体作为原因；④动态的思考。

(1)双眼前行，是要求分析问题的时候不仅要看到表面的影响因素，还要看到隐含的影响因素。Ulanowicz 认为最近的生态学在独眼前行，很大程度上是因为生态学家过于模仿物理学的研究方法，过于强调研究存在的事物，而忽视了缺少的事物(或未能察觉的因素)对生态系统演化的作用[21]。因此，呼吁生态学家睁开双眼前行，就是提倡重视恢复力这些隐含因素的作用。管理大师德鲁克提醒管理者注意"表面的趋势下有深层的趋势，公开的事实背后有隐藏的事实"[34]，指的也是类似的情况。

(2)与对象保持足够的距离，是要求分析问题时要看到问题的全貌，避免盲人摸象，以偏概全。现实生活中，人与人发生分歧时，由于身处其中，很容易当局者迷，这时候如果能与对象保持一定的距离来看问题，就很容易找到问题的症结所在，并找到相应的对策措施。波普尔强调重视第三世界①中存在的真理，并与主观经验世界相区分，就是强调人对客观世界的认识存在局限性，科学的探索就是尽可能地将第三世界中存在的真理还原到主观经验的第二世界中，探索的过程需要摒弃了主观经验后以虚拟自我的方式来认识事物的全貌[35]。

(3)将系统整体作为原因，是为了强调对系统整体结构特征的认识。本文提出的水资源社会经济循环规律研究框架与传统框架最突出的差异就是对隐含的系统整体特征的重视。

(4)动态的思考，是指需要经常要从动态的、非线性的、逆向的角度来看待要素之间的关系。

当然，整体性视角不是万能药，这些途径的训练也不是一蹴而就的事情，需要有从局部入手解决收敛性问题的能力作铺垫。但读者如能在局部分析时，思考一下从整体性视角看问题将会有什么结果，应该会有新的收获。正如库恩在讨论科学范式时声明的一样，科学范式的转移通常是科学家转换研究视角，采用不同的角度和方式研究所取得的[19]。从整体性的视角来研究问题，恰似打开了一个黑箱的盖子。

5　结语

本章在简要介绍整体性视角概念的基础上，总结了生态经济研究中体现的整体性视角。然后利用从信息论角度开发的评价系统整体结构特征的一些指标，开发了水资源社会经济循环规律的研究框架。最后总结了整体性视角在生态经济研究中的作用，并讨论了如何在研究工作中培养整体性视角的一些途径。

---

①　波普尔将物理客体的世界称为第一世界，主观经验的世界称为第二世界，自在陈述的世界称为第三世界。

(1)在简要介绍整体性含义的基础上,总结了生态经济的基本思想,提出的3大问题(规模、公平和效益)中体现的整体性视角,并分析了从生物经济学至生态经济学,直到人文生态经济学的学科演化过程中体现的整体性视角,以及目前生态经济研究中的一些新兴领域中体现的整体性视角。在此基础上,进一步在传统的4大分析领域的基础上,增加了整体视角下人类—环境系统下的演化研究作为未来生态经济研究的第5大主题。

(2)分析了传统的水资源社会经济循环规律分析方法的局限性——无法刻划系统的整体特征,然后从整体性的视角入手,在简要介绍评价系统整体结构特征的上升性、发展能力、恢复力和可持续性等指标的基础上,开发了水资源社会经济循环规律的研究框架。

(3)系统地总结了整体性视角在生态经济研究中的作用:有助于弄清理论之间的联系;有助于开拓新的领域和研究方向;有助于从系统的角度提供解决问题的方案。总结了培养研究工作中整体性视角的4种途径:①双眼前行;②与对象保持足够的距离;③将系统整体作为原因;④动态的思考。

参考文献

[1] 赵光武.用还原论和整体论相结合的方法探讨复杂性[J].系统辩证学学报,2003,11(1):1-6.

[2] 科斯坦萨,乔根森.理解和解决21世纪的环境问题——面向一个集成的硬问题科学[M].徐中民,张志强,张齐兵等译.郑州:黄河水利出版社,2004.

[3] 徐中民,程国栋.人地系统中人文因素作用的分析框架探讨[J].科技导报,2008,26(3):86-92.

[4] 戴利,法利.生态经济学——原理与应用[M].徐中民,张志强,钟方雷等译.郑州:黄河水利出版社,2007.

[5] 钟方雷,徐中民,张志强.生态经济学与传统经济学差异辨析[J].地球科学进展,2008,23(4):401-407.

[6] Mayumi K. The origins of ecological economics: The bioeconomics of Georgescu - Roegen[M]. New York: Routledge. 2001.

[7] Peter S derbaum. Values, ideology and politics in ecological economics[J]. Ecological Economics, 1999, 28(2):161-170.

[8] Roy E Allen. Human Ecology Economics: A new framework for global sustainability[M]. New York: Routledge. 2008.

[9] 徐中民,程国栋,张志强.生态足迹方法的理论解析[J].中国人口资源与环境,2006,16(6):69-78.

[10] 徐中民,程国栋,邱国玉.可持续性评价的ImPACTS等式[J].地理学报,2005,60(2):198-208.

[11] 殷永元,王桂新.气候变化评估方法及应用[M].北京:高等教育出版社,2004.

[12] 徐中民,钟方雷,赵雪雁等.生态补偿研究进展综述[J].财会研究,2008,23:67-72.

[13] 徐中民,钟方雷,焦文献.水-生态-经济系统中人文因素作用研究进展[J].地球科学进展,2008,23(7):723-731.

[14] Hooper B. Integrated River Basion Governance, learning from international experience[M]. London:IWA Publishing,2005.

[15] 孙成权,王天送,黄彦敏编译.全球环境变化与城市化、制度因素、全球土地计划[M].北京:气象出版社,2008.

[16] Costanza R. Graumlich L J, Steffen W. (eds). Sustainability or Collapse? An integrated history and future of people on Earth[M]. Dahlem university press,2007.

[17] Schiermeier, Q. A Long Dry Summer[J]. Nature, 2008, 452(7185): 270 – 273.

[18] Ulanowicz R E. Growth and Development, Ecosystems phenomenology [M]. New York: Springer – Verlag, 1986.

[19] Jϕrgensen S E, Fath B D, Bastianoni S, et al. A new Ecology: Systems Perspective[M]. Netherland: Amsterdam. Eleviser Press, 2007.

[20] Ulanowicz R E. Ecology, the Ascendent Perspective [M]. New York : Columbia University Press, 1997.

[21] Ulanowicz R E, Goerner S J, Lietaer B, et al. Quantifying sustainability: resilience, efficiency and the return of information theory[J]. Ecological complexity, 2009(6):27 – 36.

[22] Zorach A C, Ulanowicz R E. Quantifying the complexity of flow networks: How many roles are there ? [J]. Complexity, 2003(8): 68 – 76.

[23] 黄茄莉,徐中民,王康. 甘州区社会经济系统水循环研究[J]. 水利学报,2011,41(9):1114 – 1120.

[24] Walker B, Salt D. Resilience thinking: sustaining ecosystems and people in a changing world[M]. London: Island, 2006.

[25] Goerner S J, Lietaer B, Ulanowicz R E. Quantifying economic sustainability: implications for free – enterprise theory, policy and practice[J]. Ecological Economics, 2009(69):76 – 81.

[26] 杰克逊. 系统思考:适于管理者的创造性整体论[M]. 高飞,李萌译,陈剑校. 北京:中国人民大学出版社,2005.

[27] Czech B. Technological progress and biodiversity conservation: a dollar spent, a dollar burned[M]. Conservation Biology, 2003,17(5):1455 – 1457.

[28] Rothman D S. Environmental Kuznets Curves – real progress or passing the buck? A case for consumption-based approaches[J]. Ecological economics, 1998, 25:177 – 194.

[29] 哈肯. 商业生态学——可持续发展的宣言[M]. 夏善晨,余继英,方堃译. 上海:上海译文出版社,2001.

[30] 程国栋,徐中民,徐进祥. 建立中国国民幸福生活核算体系的构想[J]. 地理学报,2005,60(6):883 – 893.

[31] Lietaer B, Ulanowicz R E, Goerner S. Options for managing a systemic bank crisis[J]. Veolia environment perspectives, 2009,2(1):1 – 15.

[32] Studer T. (1998). WIR in unsere Volkswirtschaft. English translation by Philip H. Beard, 2006, WIR and the Swiss National Economy[R]. http:/www. lulu. com/content/268895. (accessed 2009).

[33] Dietz T, Ostrom E, Stern P C. The Struggle to Govern the Commons[J]. Science, 2003, 302(5652): 1907 – 1912.

[34] 德鲁克. 卓有成效的管理者[M]. 许是祥译. 北京:机械工业出版社,2005.

[35] 波普尔. 波普尔自传:无尽的探索[M]. 赵月瑟译. 北京:中央编译出版社,2009.

[36] Schumacher E F. Small Is Beautiful: Economics as if People Mattered[M]. Harper Collins Publishers, 1989.

第二部分
规划理论进展

导读Ⅱ

第二部分收录了2篇文章，以张掖市的水资源规划为例阐述了规划理论上的进展。通常的规划思路主要是设定目标，接着结合现实情况寻找实现目标的手段，并探讨实现目标的保障措施。这种模式的通病有二：一是设定目标的合理性值得商榷，即使科研人员和地方政府领导深入沟通，深入基层广泛调查，看到的、听到的和想到的，因能力和见识的差异都会具有一定的局限性，导致目标本身的合理性会存在争议；二是即使找到了实现目标的手段，而对实现手段的可行性缺乏合理论证，导致保障措施部分形同虚设。原因在于预知未来本来就是一件困难的事情！

我们认为规划需要按历史经验、现实情况和发展结果这三个成分来设计。与传统思路相比，新规划思路增加了一点和补充完善了一点。其中新增了一点剖析历史经验，这是为了更好地了解地区发展的演化规律；完善了一点，传统规划思路采用的是通过建立保障措施来实现规划结果，这里补充完善成建立保障措施来避免陷入发展中的陷阱。美好的目标如果不能实现当然形同虚设，相反如果能采取措施避免陷入发展的陷阱，结果无非两种，一是在可持续发展的道路上前进，二是在可持续发展的道路靠拢。新的规划思路如图Ⅱ所示。

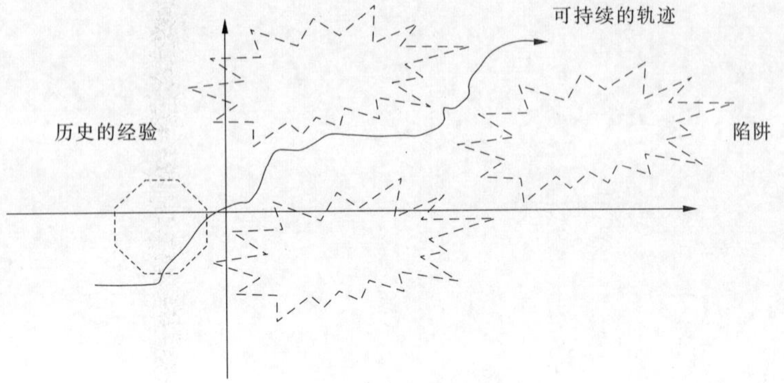

图Ⅱ 新的规划思路图

第4章《黑河中游水资源开发利用与管理的历史演变》，系统分析总结了不同历史时期张掖市水资源开发利用的特点、演变的趋势，以及存在的地下水超采严重的问题，并总结了历史上可资借鉴的经验。在此基础上，第5章《张掖市面向幸福的水资源管理战略研究》首先总结了发展过程中存在的陷阱，并将陷阱归为水资源开发利用总量问题、水资源开发利用的公平体系建设问题，以及水资源效率问题，然后借鉴历史经验，针对性地采取措施避免陷入这些陷阱。希望这2章一起能理清我们采用的规划思路，当然其具体应用前景如何，尚需接受实践检验。

4　黑河中游水资源开发利用与管理的历史演变

摘要:从历史的角度探讨了黑河中游水资源开发利用与管理的演变过程。辨别了历史上不同时期黑河中游水资源管理的状况,分析了兴衰的原由,探讨了水资源管理演变的趋势、特征以及存在的问题,并系统总结了历史上可资借鉴的经验。

1　引言

一个人的能力有限,生命的真意义要在历史上获得,而历史的规律性有时在短时间内尚不能看清,而需在长时间内大开眼界,才看得出来[1]。水资源利用和管理的实践亦是如此,对黑河中游水资源利用和管理的历史演变做一系统的梳理和总结,从中应该可以找出一些可资借鉴的经验和教训,本章正是这样一种尝试。关于古代张掖水资源管理的史料不多,这里并不是想得到带普遍性的归纳性结论,或对水利兴衰的原由进行精确的解释。主要的目的是探讨从历史的角度分析水资源管理的演变,与仅关注眼前的景象相比,看能否提供一张不同的画面,提供一些值得借鉴的经验和教训。

黑河中游张掖市水资源开发利用与管理的状况与黑河流域自然环境的演变,与张掖市各历史时期灌溉农业的发展存在极其密切的联系。这里简单分析历史时期张掖市水资源开发利用状况及采取的管理措施,希望为了解张掖市水资源开发利用与管理的兴衰原由提供一些依据,为张掖市水资源的开发利用,节水型社会的建设提供借鉴的经验。

2　黑河中游水资源开发利用和管理的历史演变

2.1　西汉前的水资源开发利用和管理

黑河流域的水资源管理,最早是三皇五帝时代的大禹治理弱水(今山丹河和黑河)。当时河西走廊及整个黑河流域属于九州中的雍州,由于弱水为下游合黎山所阻,形成了大面积的湖泊沼泽,不仅阻塞交通,而且给当地人民的生产生活造成了极大的困难。禹因此“导弱水至于合黎,余波入于流沙”[2,3]。另据《禹贡》记载当地“其土黄壤,田上上,赋中下”,说明几千年前大禹的疏浚工作已经与纳税上贡紧密联系在一起,只是当时地广人稀,故有“田上上,赋中下”之说。在西汉张骞通西域、霍去病开河西之前,张掖境内一直为不同的游牧民族所盘驻。这段时期,黑河水量丰富、土壤肥沃、生态环境优美,为游牧民族提供了发展畜牧业及人口繁衍生息的良好条件。正因为如此,匈奴在失去河西之后,才唱出了“亡我祁连山,使我六蓄不蕃息,失我焉支山,使我嫁妇无颜色”这样的哀歌。[2]

在这段漫长的时期里,游牧民族为争夺这里的地盘发生过许多战争,但游牧民族占领这里后,通常只是利用这里得天独厚的水草资源开辟牧场。尽管匈奴在某些地点建有城堡,也有极少量的农业生产活动[3]。但整体而言,除了大禹的疏浚工作外,主要的水土资源利用活动就是牧业,其他活动少见。值得注意的是,疏浚工作是与纳税工作捆在一起的,这说明水资源的开发利用一开始就与经济措施密切相关。这一点在后面黑河中游水资源开发利用演变的介绍中可以看得更清楚。

2.2 西汉至明清黑河中游的水资源开发利用和管理

西汉初期,统治者为了维护封建秩序,采取了“轻徭薄赋”等一系列恢复农业的经济措施。其中晁错的《论贵粟疏》就是有名的要求重视粮食储备、发展农业生产的奏疏[4]。汉武帝为了西北长治久安,确保中西交通畅通,采用了主父偃的建议,在河西设置郡县。采取移民实边、戍兵屯田、兴修水利等重大举措,修建了觻得县(今张掖西城驿)至乐涫县(今高台县)的“千金渠”,发展了早期的灌溉农业[1]。当时,张掖一带的屯田主要是军屯,郡太守要兼管屯田事务,郡太守一般都拥有“将屯将军”等头衔。将屯就是将兵屯田的省称,由此可见当时统治者对农业生产何等重视。与这些政策相伴随的是一系列农业生产技术的革新,如汉武帝将搜粟都尉赵过总结的代田法(将同一地块上作物种植的田垄隔年代换,所以称作代田法),汉成帝将氾胜总结的区种法(将土地划分成许多小区,集中使用土肥,精耕细作,提高单位面积产量)在全国进行了推广[6],居延汉简中多次提到的代田仓就是代田法在张掖乃至河西得到普遍推行的证据[7]。与推行新的耕种技术相伴随的是推广牛耕,这对张掖农田水利的发展是一个很大的促进。当时粮食生产外调有余,同时畜牧业也得到了显著的发展。两汉时期,山丹军马场就是养牧官马的场地,一直至今未衰。民间畜牧业尽管也比较发达,但一直处于农业经济的从属地位,传统观念比较重视役畜的发展,以利农耕,这种思想一直在20世纪70~80年代在当地居民中仍有影响。农业的发展促进了人口的增加,西汉时张掖郡十县户口已达到24352户,88731口。这段时期是张掖农田水利事业的开创时期[8]。

王莽在建国元年对匈奴的讨伐,使张掖在西汉时发展起来的灌溉农业近似崩溃。东汉时期全国土地兼并现象非常严重,度田事件表明全国的豪强和郡国的势力非常强大[6],但河西因地处边垂,主要目的是反击匈奴、诸羌的侵扰,因而采取的措施是沿袭西汉的屯田制,组织军力在河西大开屯田,张掖市志上就有窦融屯田额济纳的记载[9]。而且,东汉政府在河西屯田的目的只是对少数侵扰滋事的少数民族进行征讨,对大多数少数民族主要是怀柔安抚,采取“宽小过,总大纲”的政策。这些政策加上班超出使西域30年奠定的基础[6],保障了河西边塞的安全,也保障了张掖农田水利的恢复和发展[7]。东汉兴修水利主要是对西汉水利工程修旧利废,除了因受内地治水影响,修建了不多的灌溉饮水设施外,水利工程建设并未有大的发展。由于当时铁制农具已经开始推广使用,而且政府锐意推行牛耕,耕种方法继续推行区田法[6,7],所以尽管当时水利工程发展不大,但粮食生产却出现了“兵马精疆,仓库有蓄,民庶殷富”的繁荣景象[7]。

魏晋时期采用过一系列的经济政策,对当地农业的生产具有很大的促进作用。曹魏对税收政策采用了租(田租)调(户调)制度,其中户调中的人口税在户均绢二匹、绵二斤的基础上,按户均财产多少确定增缴额,除此之外不再征收其他苛捐杂税,这有力地减轻了农民的负担[6];同时在军屯的基础上引入民屯制度,促进了张掖农业生产的恢复[6,7]。西晋时期全国推行占田制(农民向政府登记所占有土地的一种制度,政府并不是将土地授予农民,只是承认其占有土地的限额,将其占有合法化)代替以往的屯田制,这解除了军屯制度下强迫劳动,同时因有占田和课田(农民需向政府交课税的田)的区分,如果占田数超过课田数,在一定程度上就可以促进荒田的开发和利用,这对水利事业的发展也起了很大的促进作用[6,7]。占田制以新的形式将土地与劳动力结合起来,能更好地调动农民的生产积极性。晋初在敦煌建设了大粮仓,张掖的户数达到了6000户,恢复到了东汉初的户口数,可以为证[7]。

五凉时期,因内乱频起,张掖的农田水利事业几无成就可言。但随后北魏采用了均田制,均田制将劳动力强弱与土地分配结合在一起,如男分地多,女分地少;用耕牛多者分地多等。相比占田制,这更合理,可以更有效地使农业劳动力依附在土地上,促进了农业的发展;同时均田制还把还田和受田完全同纳税结合在一起,农户的权利和义务更加明确[6]。尽管史书上缺乏这段时期农田水利建设方面的记载,但均田制能在随后的封建王朝中继续推行了约300年,说明北魏在河西走廊推行的均田制无疑能有效地推动黑河水系农田水利的开发和发展。接下来的西魏、北周和隋朝,难觅张掖水利工程建设的史料,只能由其他史料来辅证当时的状况。其中西魏和北周的政策大多沿袭前朝,乏善可陈。政策方面需要提及的是,隋朝将北周采用的府兵制(一种兵民合一的军事机制)与均田制结合在一起,这即有利于农田水利事业的发展,又能保障农业生产安全。同时隋朝的租调力役制度,将成丁的年龄从18岁提高到21岁,而且达到受田年龄的农民可少服3~4年的徭役。这些政策的实行肯定有力地推动了当地农业的发展,从户数的变化可略知一二。从北周到隋炀帝时期,张掖经历了突厥、吐谷浑和党项等多次的掳掠,但户数仍由晋时的5600户增加到了6126户[7]。另外,公元609年,炀帝西巡张掖,登焉支山会见了27国国王及使者,盛况空前[8]。作为国际性的商贸中心,张掖当时的农业发展状况由此可见一斑。这段时期,张掖的农田水利应该得到了较大的发展。

唐朝中期,国力强盛,为了巩固首都长安的安全和丝绸之路的畅通,统治者对河西走廊的经营特别重视,采取了兴修水利,发展水利灌溉,大规模军事屯垦等措施。特令甘州刺史“开垦屯田,尽水陆之利”,据记载当时设置军屯156个,每屯垦田50顷[8]。唐朝在经济政策上仍然采用均田制,将军屯以外的土地分给农民,分给农民的土地大多在渠道的两旁;赋税政策更新成了租庸(丁男每年服役10天,闰年加2天)调制度,如果不服役,可以纳绢或布替代,称为输庸代役,该政策的实行可以让农民有更多的时间从事农业生产[7]。这些政策使张掖粮食生产出现了大丰收,出现了“牛羊遍野,路不拾遗”,“土沃物繁而人富乐”的美好年景,张掖于是有了“塞外江南”的美称。这段时期是张掖地区农田水利事业发展的第一个兴盛时期。黑河上的盈科渠、大满渠、小满渠、大官渠等皆为唐时兴修,可灌田46.54万亩[2]。

安史之乱后，唐政府已日薄西山。唐代宗广德元年后，张掖先后为吐蕃和回纥占领，一直到宋仁宗天圣六年（公元1028年）被西夏李元昊攻占。其中吐蕃的入侵给张掖的农业生产带来了极大的破坏，期间的农田水利没有什么发展和恢复。据《新唐书·吐蕃传》记载，吐蕃军事集团进入河西，所到之处，"焚烧庐舍，驱掠人畜，所过捕戮，积尸狼籍"[2]。唐懿宗咸通八年，张掖为回纥占领。回纥统治期间，对北方五个朝代及后来的北宋采取的是纳贡的方式，因此这段时期张掖社会持续相对安定，农业生产能照常进行。可以认为回纥的统治对张掖农田水利的开发、农业经济的发展起了很好的推动作用。回纥统治时期，尽管有部分回纥转变成了农业居民，与当地汉人共同从事农业生产，但由于他们主要是从事畜牧业生产的民族，因此这段时期比较发达的是畜牧业，他们向五代各国及北宋的进贡物就以骆驼、牛、马、大尾羊等畜产品为主。此后西夏党项人，受汉族的影响，也经营过农业，进行了一定的农田水利建设。当时黑河水系"岁无水旱之虞"，可见农业水利非常发达。元代忽必烈时期，在恢复和发展农牧业经济方面采取了一系列的措施，首先改变了成吉思汗时期把农田变成牧场和掠夺人口为奴的法令；设立了专门负责农田水利开发的司农司和营田司；编辑了《农桑辑要》来指导当时的农业生产；大力提倡垦荒，扩大屯田，采取的形式除了军屯、民屯外，还有军民合屯的形式。据《元史·食货志》记载，在甘州黑山子、满裕、泉水渠、鸭翅渠等处的屯田，屯田户有2290户，垦田数达1164多顷。由于有这些积极发展农业的措施，公元1291年，河西发生连续旱灾，但张掖却官仓粮足[7]。

从西汉到明朝，张掖因处在边防前线，战事频发，人口一直比较少。据《汉书地理志》记载，汉元始二年（公元2年），张掖郡人口有8.87万人，是河西人口中最多的郡。因战乱不已，东汉永和五年（公元140年）人口减少到2.60万人；隋末唐初，因战乱不已，唐太宗贞观十三年（公元639年）人口仅1.17万人；长安元年（公元701年），武后采纳了陈子昂的建议，移民屯田，整顿军备，以李汉通为甘州刺史，开垦屯田，尽水陆之利，甘州农业得到发展，积累军粮可资数十年。至唐天宝元年（公元724年），人口翻倍达到2.29万人。人口少，相应人类对资源的需求也不大，对环境的影响也小。因此直到明清时代，未见张掖的水事纠纷报道。这段时期内，水资源问题并不突出，管理主要集中在土地上，水资源开发利用主要是通过兴修水利来满足屯田之需[2]。屯田在当时，既有供应军粮、发展农业生产的目的，更有加强对边远地区政治统治的目的。另外，屯田使用的水利灌溉设施大多是军队修建的，因此其管理军事管理特征明显。值得注意的是，水资源开发利用出现小高潮一般就有比较好的土地制度相配合，如占田制和沿袭很长时间的均田制。二者之间的同拍现象说明水资源管理的对策措施集可以从水上延伸到其他的领域，说明他山之石，可以攻玉。

2.3　明清黑河中游的水资源开发利用和管理

2.3.1　明朝的水资源开发利用和管理

明清时代，情况发生了变化，首先是黑河流域的人口急剧增加。

明朝水利事业的兴盛与当时统治者颁发的一系列兴农政策有关。明洪武至嘉靖年间,在"欲兴屯田,必开水利,欲为斯民筹干旱之虞,亦必开水利"的思想指导下,实行了"大兴屯利,请募民垦田,永不征租"的政策[2]。洪武元年(公元1368年),令农民归耕,承认农民耕垦或即将开垦的土地归农民所有,并免除三年徭役和赋税。在洪武二十七年(公元1394年),明政府又颁发了"额外荒田,永不起科"的诏令,这些措施客观上对促进农业生产的的恢复、水利的兴修起到了良好的促进作用[10]。同时,明政府又在全国及沿边大兴屯田,采用了民屯、军屯及商屯的形式,其中民屯和军屯的规模比较大,政府为之提供耕牛和农具,这样屯田生产就有了保证,民屯和军屯向政府交纳谷物用做军粮,又保证了军粮的供应。洪武皇帝朱元璋曾宣称"养兵百万,不费百姓一粒米"[7]。这些政策促进了黑河流域人口迅速增加,明洪武年间,甘州五卫并山丹卫、高台所共有4.36万人。洪武至嘉靖年间,张掖人口应有大幅度的增加,但缺乏记载。从其灌溉规模的发展推算至少在10万人以上,地方志上记载的嘉靖元年的甘州兵变,当时甘州额军就有7万人,存者不到一半,这应可佐证当时的人口数量。同时官史都对兴修水利非常重视,大力开挖新渠,疏浚旧渠,在张掖地区境内的渠道达110条,开创新渠近50条,可灌溉农田1.17万余顷,农田水利事业得到了空前的发展,于是有了"金张掖"的民谣流传[2]。这是古代张掖农田水利事业发展的第二个兴盛时期。

明嘉靖年间甘肃行省巡抚杨博,他在实地调查的基础上,就甘州的屯田、军防等方面提了诸多的重要建议,尽管这些建议主要针对屯田,但对现在的水资源管理也不无借鉴作用。杨博重要的建议有3条:①重申既成屯耕法令,杜绝不法催科,要藏富于民。认识到了田地荒芜的根本原因是地方官史"催科之不法",要坚决杜绝,并广泛招募人力屯田垦荒,同时认识到藏富于民应作为经略国家的长期政策。②实行"屯兵给马",以合古人"寓兵于农"之制。屯兵给马,闲时是农民,战时是士兵,这有效地解除了当时边塞各少数民族的对甘州的生产和社会秩序的威胁,而且高效地利用了人力资源。③贷银购买耕牛、农具,扶植屯耕军民。这条建议是杨博想通过向政府借无息贷款为屯田军丁购买耕牛、农具,增加本地屯田力量,继续扩大垦田面积。这些政策都为当时的统治者采纳,有力地推动了张掖农田水利事业的开发,促进了张掖社会经济和文化的发展。另外,还需提及明后期张居正的"一条鞭法"税制改革,尽管推行时间短,但直接影响了清朝推行的摊丁入亩制度。针对当时百姓所苦的名目繁多而又数额无限的各种"役",采用将各种名目的赋役折合成银两,以附加税的形式遍加于全国的土地上,不分贫富,计亩征银。"一条鞭法"有其简明易行的优点,也多少限制了花样百出的舞弊营私,但过去按田亩数量而以累进税制分派的各种赋役,改成以平均的方式摊派,会将本属于富户的负担转嫁到贫困户身上[2,3,7]。

另外,值得一提的是,在大兴水利、致力屯垦的同时,明朝规定各卫、所各置东西南北四大粮仓,以储粮备荒,如遇到水旱之灾,随时可以开赈灾民,接济军需。现张掖市还保存有明代的存粮之仓。

2.3.2 清朝的水资源开发利用和管理

清朝统一新疆后,将张掖作为军事、政治、经济重镇,采取了一定的措施来恢复张掖的农业经济,以巩固清朝在西北的统治。清康熙、雍正、乾隆年间,甘州府人口急剧增长,在嘉庆二十五年(公元1820年),人口达到80多万人(其中农户28万多,屯户52万多),达到了新中国成立以前的最高峰[2,8]。其主要原因有:①奏罢编审,清初清政府为了理清赋税政策,对全国进行编造户籍,审定丁口,称为编审。在在编审工作开始时,巡抚佟终年考虑到当时张掖的居民不是商人就是戍兵,因此张掖的户口丁粮不能和中原内地相提并论,奏请朝廷准许张掖不实行编审制,得到了清庭的准许。这既无累官之烦,也无扰民之忧,促进了当地垦耕务农和修复水利等生产活动的正常进行。②因大量移民戍边,加之采取了"兹生人丁,永不加赋"的政策和"摊丁入亩,地丁合一"的赋税政策,解决了长期以来的赋税不均问题,促进了人口的增长和水利事业的发展[8]。清朝康熙、雍正、乾隆时期,非常重视对河西走廊的经营,广泛召民到河西屯田,大规模兴修农田水利,除了大力修复明代的水利设施外,而且兴修了三清渠、柔远渠、暖泉渠、小坝渠等渠,张掖境内的渠道达到170条,灌溉面积达到1.4万公顷。这是张掖农田水利事业发展的最繁盛的时期。③蠲免钱粮,清初统治者一直把减免赋税作为恢复经济的重要举措。同时由于张掖人民在清朝多次平定叛乱中有"急公"行动,至乾隆四十五年,张掖人民总共获得税负减免多达45次。这对恢复当地的农牧业经济有积极效果[7]。

人口急剧增加,水资源短缺问题凸现,问题从均田开始转向均水。乾隆年间编撰的《五凉全志》就记载"河西讼案之大者莫过于水利纠纷"[2,3]。张掖各县,在明朝就有分水的规定,采用的是"按粮取水,点香计时"的方法,即根据渠口的大小,以及各受益农户交纳田赋税粮额的大小,来确定浇灌时间。这种点香记时的方法,配几寸香灌几寸水,不论水的大小,灌完与否,香燃完水停止,甚不科学。加上人口的不断增加,相应的灌溉面积增长,或水渠的失修,或天旱少雨,以及执行中出现的多霸多占等不公平现象,浇水灌溉中的水事纠纷日益增多,且日益复杂,逐渐成了本地的一大难题。为此,清政府对黑河水系的分水设坝作了新的规定[7]。其中最典型的是清雍正四年(公元1726年),陕甘总督年羹尧首先制定了"均水制"。《甘州府志》记载"陕甘总督年羹尧赴甘肃等州巡视,道经镇夷五堡,市民遮道具诉水利失平。年将高台县萧某降级离任,饬临洮府马某亲诣高台,会同甘肃府道州县妥议章程,定于每年芒种前十日寅时起,至芒种之日卯时止,高台上游镇江渠以上十八渠一律封闭,所均之水前七天浇镇夷五堡地亩,后三天浇毛、双二屯地亩"。这段话阐明了"均水制"产生的背景是水事矛盾突出,百姓投诉不断,如不有效处置就会危及社会的稳定;"均水制"的制定是各级政府协商、讨论的结果;"均水制"的内容是,每年芒种之日前十天寅时起封闭上段渠口(临泽、高台境内)十天,给下游高台西部的五堡及鼎新灌区放水;"均水制"实施的方式是军事力量的强制命令。均水期间建立了监督机制,即由鼎新(今甘肃省金塔县)知事兼巡河道,严格执行。当时规定,下游县官到上游督察,官升一级,县官挂州官衔,有权临阵处置均水情况。无论是年羹尧的"均水制"还是通行于明清的点香记时分水制度,对于保证公正用水、减少水事纠纷,都具有一定的积极意义。因此,这一制度被长期坚持下来,并且得到进一步的完善。均水200多年,在群众中形成了水规大似军规的均水制度,谁也不敢违背[3]。

从现在的水资源管理方式来看,这是一种典型的命令控制性水资源管理,均水的目的也很简单,保证公平地分配生产的用水。另外,需要注意的是,在年羹尧制定"均水制"后,发生了3件事情需要引起我们的重视和注意。①已具备水资源管理一体化的雏形。

雍正七年，因丰乐河、马营河上下游分属肃州、高台管，沿河人民常因浇水而起纷争，为管理方便，甘肃总督岳钟琪上书朝廷建议将高台所属下河清、马营、上盐池划归肃州管，将甘州之高台划归肃州直隶州管。②当时生态环境状态肯定良好。公元 1731 年（雍正九年），清朝政府安置在嘉峪关附近放牧的土尔扈特部落阿拉布珠尔一行 500 人，奉命移牧额济纳河流域，正式建立额济纳旗，直接归清朝理藩院管辖，由陕甘总督节制[8]。③已有生态环境保护的思想，嘉庆年间甘肃提督苏宁阿在《八宝山松林积雪说》中就有了保护黑河水系自然生态环境的思想[7]。

清朝后期，河西地区反清战事迭起，灾荒不断，人口剧减，致使农田水利出现了极大的倒退。

2.4　新中国成立到2000年黑河中游的水资源开发利用及管理

民国三十多年的时间，张掖农田灌溉事业衰退得非常厉害，很多堤坝冲毁，很多渠道失修，大片耕地荒芜。民国后期，甘肃成为了抗战的后方，整修渠道 63 条，兴修了张掖历史上第一座洼地水库高台马尾湖水库。同时成立了专门兴修水利的工作部门，1943 年张掖设立了甘肃省水利农牧公司张掖工作站；在实地勘探的基础上编制了兴修水利的计划，为水利工程的整修工作提供了科学依据；重视水文监测，1944 年在黑河莺落峡和正义峡建立水文监测站，开始对黑河进行水文监测[2]。

新中国成立至2000年，张掖市水利开发事业发生了历史性的大变化，取得了很大的成就。在水资源开发利用上，从地表水到地下水，从灌溉到发电，从引水到蓄水，从农业到工业，从生产到生活，进行了全面的开发利用。截至 2000 年，全区已建成中小型水库 43 座，塘坝 35 座，总库容达 20200.4 万 m^3；改建干支渠 4323 km，其中高标准衬砌 2748 km；配套农用机井 4489 眼；建成提灌站 141 处；完成田间配套 168.51×10^4 亩；建成条田 204.26×10^4 亩；改良盐碱地 22.13×10^4 亩；有效灌溉面积达 302.82×10^4 亩，能保证的灌溉面积达到了 247.41×10^4 亩，配套面积达 168.51×10^4 亩；建成小水电站 17 座，装机 1.15 万 kW；累计解决 56.2 万人和 129.9 万头牲畜的饮水问题。这些水利基础设施的建设，有力地改变了当地农业生产的基本条件，提高了人民的生活水平①。

在开展水利建设的同时，加强了水利管理，建立了健全的管理体系。张掖成立了黑河流域管理处，成立了水利处，各灌区建立了水管站。依靠群众管理用水工程。开展了灌溉试验，推广节水增产灌溉示范技术，建立了新的灌溉体系和规章制度；供水实行水票、供水证。改革了水费，开展了综合经营，形成了良好的运行管理机制[3,9]。

这一期间建设的水利工程和改善的水利管理机制，对保证农业和国民经济的持续稳定发展、改善人民的生活确实发挥了巨大的作用。在此期间，因为干旱和区域间的生态环境问题，发生了两次均水，促进了水资源管理方式的进一步变迁和完善。

新中国成立后的几年，仍沿用旧的均水制度。1953 年，因河西大旱，下游提出张掖黑河总口各渠也应给下游均水。经过研究磋商，在 1956 年形成了一年两次的均水制度[2]。

① 数据来自：张掖市水务局编，张掖市 2000 年水利综合年报，2000 年。

4 月均水：黑河总口（除龙首、洞子、马子、西洞、迎丰五渠）从 4 月 26 日上午 12 时起，临高两县同时闭口，将当时水量的 50% 放给金塔县鼎新灌区 5 昼夜，中游不得截引。5 月均水：黑河总口（除龙首、洞子、马子、西洞、迎丰五渠）从 5 月 27 日上午 9 时起闭口当时水量的 80% 放给下游高台、鼎新灌区。临泽、高台沿河各渠口，除三清渠迟闭口三昼夜，柔远渠浇完二轮水闭口外，其余各口一律于 5 月 27 日上午 9 时闭口 7 天半。水到高台天城、五堡先浇三昼两夜，其余时间由鼎新片浇灌。该均水规则后虽几经修改，但未发生根本性的变化，一直沿用到 2000 年[3]。

1956 年的均水与古代的均水目标是一致的，都是为了经济公平分配水资源；执行手段相差无几，都带有强制性。显著区别是计量的方式更合理，开始采用计水量代替计时量；而且均水渠口从临泽和高台的渠口延伸到了黑河的总口。这说明流域发展的水资源短板问题已经非常突出。2000 年的第二次均水却是因区域间的生态用水矛盾引起。

20 世纪 60 年代以来，由于黑河流域特别是中游地区人口迅猛增长，耕地大幅扩张，水资源过度开发，导致进入下游特别是内蒙古自治区额济纳旗的水量锐减，省际水事矛盾日益突出。中游水资源的过度开发，导致全流域特别是下游地区生态环境急剧恶化。1982 年内蒙古自治区就因此提出了黑河分水问题。1982 年原水电部组织开展了黑河水利规划，1992 年完成规划报告编制。1992 年 2 月水电部会同有关单位原则同意了《黑河干流（含梨园河）水利规划报告》，并提出了水资源分配方案的审查意见。同年 12 月，国家计委批复了水电部的审查意见，批复中确定了黑河干流水量分配指标[2]。1995 年 4 月和 11 月，国务院先后召开两次会议研究黑河流域的生态环境治理问题，指出黑河分水方案的落实是关键，要求水利部及有关部门尽快提出具有可操作性的分水方案。据此，水利部组织黄河水利委员会深入现场调查研究，提出了不同来水情况下的《黑河干流水量分配方案》，由水利部下发甘肃省和内蒙古自治区人民政府执行。1997 年，黄河水利委员会专门成立了黑河流域水资源管理局负责管理此事。2000 年，在多方的共同努力下，分水开始实施①。

这一阶段的突出特点是，在甘肃省境内执行的"均水制"因为没有顾及生态问题，凸现了下游的生态问题。直接导致了 2000 年新的均水，考虑的范围从生产生活扩展到生态问题，并且顾及全流域的用水需求。这里值得注意两次均水提出到执行时间上存在的差异，第一次从提出到执行仅 3 年的时间，而第二次提出到落实却持续了 18 年的时间。这尽管有各级政府之间利益博弈的原因，反映出流域缺少统一管理。同时还有深层次的原因，十一届三中全会后，张掖市各灌区实行了承包管理，划等晋级。水利工程的管理从水利部门的单一管理发展到专业管理与群众管理相结合，除水库水利枢纽、水电站、干渠和较大的支渠由专设机构承包管理外，其余工程和划分管理区实行承包制，或下放权利，由乡村自建自管。各基层水管部门还兴办了自己的经济实体，壮大了自己的经济实力。这尽管实现了农民的增产增收，但容易导致经济主体过于追逐经济利润，忽略公共品的维护和保护[11]。2000 年黑河的均水实施时间比较长，应该有这方面的影响。

从新中国成立初到 20 世纪末，张掖的水利建设突飞猛进，同时因水资源问题转化引

① 中共张掖市委，张掖市人民政府. 十大工程工作大纲汇编. 2010 年。

发的问题从经济蔓延到了生态上,水资源管理实践也发生了很大的变化,开始从命令控制型的就水论水管理转向重视权衡经济和生态目标的水资源管理,水资源管理机构和体系逐步健全,并运用了水费、水票等经济调控措施来提高水资源管理的绩效。

2.5 21世纪以来的水资源管理

21世纪以来张掖市的水资源管理非常重视经济和生态目标,重视流域的综合治理,充分认识到了水资源的核心纽带作用,明确了金张掖就是金在水上①。

考虑到分水对张掖市巨大的经济影响,2001年,国务院正式批复了《黑河流域近期治理规划》,2002年,水利部和甘肃省政府批复了《张掖市节水型社会建设试点方案》。张掖市得以在更新改造基本水利设施的基础上,采取了一系列的水资源管理措施,在全市展开了一种全新的节水实践。完成了改建衬砌干渠561.7 km,支渠670.77 km,斗渠872.98 km,田间配套135.4万亩,新打机井505眼,旧井改造1553眼,发展高效节水面积52万亩(管灌36.95万亩,滴灌12万亩,喷灌3.05万亩),农业种植结构调整30.33万亩;天然林封育64.42万亩,草原围栏96.85万亩,人工造林1.4万亩。通过实施黑河近期治理,黑河沿岸灌区灌溉水综合利用率由过去的49%提高到54%,对于推动张掖市节水型社会建设和实施黑河水量调度发挥了重要作用。连续11年完成了黑河水量调度任务,25次将黑河水送达东居延海,4次送水到西居延海,累计向下游输水110亿 m^3,占来水总量的57%,实现了东居延海自2004年以来连续7年不干涸,水域面积始终保持在40 km^2 以上,黑河下游地下水位明显回升,沿河周边生态环境明显改善,国务院确立的黑河应急治理阶段性目标基本实现。

在黑河流域开展综合治理的同时,张掖市从制度建设、配置水权、水票运行、建立用水者协会、水资源统一管理等方面开展了节水型社会建设的探索和实践,将黑河用水权分配至各区县、各乡镇、各行业用水户,制定和颁发了《节约用水管理办法》等20多项规章制度和规范性文件,成立了768个农民用水者协会,推行"农民用水者协会+水票"的农业用水权配置流转运作模式,初步形成了以水权改革配置、结构调整节约、总量控制调节、社会参与推动的局面,有效地促进了全民节水意识的增强[12]。2006年,张掖试点通过水利部验收,并被水利部授予全国节水型社会建设示范市称号。近年来,张掖市按照"加大力度,扩大成效,巩固和保持好全国第一面节水型社会建设旗帜"的要求,立足经济社会发展大局和水资源开发利用现状,坚持纵深推进节水型社会建设,进一步加大"总量控制、定额管理"两套指标体系落实力度,不断提升田间节水能力;探索实行最严格的水资源管理制度,制定了《张掖市实行最严格水资源管理制度实施方案》,划定了水资源开发利用、用水效率控制、河流水功能区限制纳污"三条红线";进一步加大了现代农业的发展,增加了农业节水示范点建设,在制种玉米大田滴灌技术推广、节水新农村示范点建设方面均取得了突破;通过节水型社会建设,全市水资源配置进一步优化,水的利用率和利用效益显著提高。三次产业比重由2000年的42:29:29调整为2010年的29:38:33,农业用水比例

① 中国科学院寒区旱区环境与工程研究所.黑河流域中游生态经济发展战略规划.2010年.

下降了 7.5 个百分点，单方水 GDP 产出由 2.8 元提高到 8.9 元。

在这些成绩的背后，出现了黑河中游生态用水不足、地下水超采日益严重的问题。据调查统计，张掖市荒漠化土地面积已由 2000 年的 1081.82 万亩扩大到 1172.42 万亩，增加了 90.6 万亩，其中风蚀土地面积增加 86.25 万亩，盐渍化面积增加 4.35 万亩，而且在危害程度上也呈逐年加重之势。受沙漠化影响的 20 多万亩耕地生产率普遍降低了 20%。21 世纪以来，张掖市地下水位年均降幅达 0.25 ~ 1.5 m。20 世纪末的地表水问题现在已明显转化为地下水问题①。

3　可借鉴的历史经验

拓宽视野，综观黑河流域水资源管理和开发的历史，不难发现水资源管理演变中存在一些值得借鉴的经验和教训。这样的分析视角也是值得提倡，并且在实践中需要采用的方法[13]。黑河灌溉农业自开创以来，其兴衰转化与朝代的更替息息相关，面对的水资源开发利用和管理问题也是不断变化的。其简单的演化脉络如下：统治者在开国之初，百废待兴，因戌边的需要大多采取一系列的兴农政策，兴建大量的水利设施，明清以前，水资源并不短缺，土地资源的分配是核心问题。各朝统治者在建国之初大多为了稳定边防，采取了各种各样的恢复农业生产的措施，主要是兴修水利设施，发展灌溉农业，以及与发展灌溉农业相关的各种均田措施；历史演进到明朝，统治者在全国采取了一系列的重农政策，加之张掖地处边防前线尤受统治者的重视，这促进了当地人口的增长和经济的发展，导致水资源开始成为经济发展的瓶颈制约因素，开始出现均水问题。自此，均水成为了当地水资源管理的核心问题，问题的范畴不断扩大。清朝和新中国建立之初的均水主要是为了经济上公平用水；20 世纪末的均水扩展到了生态的范畴，均水的主旨是综合考虑经济和生态的公平；从当前张掖市的实际情况来看，水资源管理问题的核心现在又成了地下水的管理。这充分说明了问题的转化，年年岁岁花相似，岁岁年年事不同，资源问题与生态问题、社会问题之间是不断转化的。这说明在处理具体的资源问题时，不能只是头痛医头，脚痛医脚，而是要用系统的、整体性的视角来分析处理问题，有时候他山之石是可以攻玉的。目前，国际上很多地方，包括张掖，都采用了集成的水资源管理实践。集成水资源管理实践的一个特点是强调社会资源在水资源管理中的作用，通常生产第一线的水务工作人员对此不太理解，张掖水资源管理核心问题的转变最起码可以作为这方面的一个例证。如果重视社会资源在水资源管理中的作用，就可能发现重视水资源利用公平体系的建设也有助于改善水资源管理的绩效。

表 4.1 系统总结了在张掖市水资源管理的历史演变中，不同阶段灌溉农业发展的特征、管理方式的变迁、管理问题焦点的转移、采用的经济和财政政策以及技术革新，并系统的总结了可资借鉴的经验。这里略选几例作阐述，至于它们具体的作用，第 5 章中还将进一步阐述。

---

①　此小节数据由张掖市水务局提供。

表 4.1 张掖市水资源利用和管理的历史演变

时间段	灌溉农业的发展特征	管理方式	管理问题焦点的转移	采用的经济和财政政策以及技术革新	可资借鉴的经验
西汉前	疏浚阶段	—	—	与纳税捆绑	与纳税捆绑启示自古以来水资源问题不单是个水问题
西汉	开创时期	军管	土地	实现屯田制，革新农业生产技术，推广代田法	
东汉	恢复和兴修水利设施	军管	土地	实行屯田制，推广特制农具和牛耕，在代田制的基础上推广区田法	从屯田制—占田制—均田制，以及府兵制与均田制的结合，启示是政策不仅要推陈出新，而且要优化组合
魏晋－五凉	恢复和兴修水利设施	军管	土地	从占田制过渡到均田制；税收政策采用租调制度	
隋唐	第一次兴盛期称“塞外江南”	军管	土地	府兵制和均田制相结合；赋税政策改为租庸调制度	
回纥－西夏－元	从重牧过渡到重农牧业发展	军管	土地	推广屯田，并采用了一系列促进农牧业发展的经济措施；建立了专门的农田水利管理机构	从重牧过渡到重视农牧业启示要采用权变的管理方式
明朝	第二次兴盛期称“金张掖”	军管	从土地开始转到水（地表水）	采用了大兴屯利，请募民屯田，永不征租的政策；政府贷银购买耕牛、农具；各卫所储备粮仓。后期推行过“一条鞭法”的税制改革	“一条鞭法”税制改革启示管理措施要简明易行；明粮仓启示储备可提升政府应对灾害的能力
清朝	第三次兴盛期	军管	地表水	采用了摊丁入亩、地丁合一的赋税政策；大批移民屯田；统治者因张掖人民的“急公”行为，先后蠲免钱粮食达45次之多	清治水巡河官员官升一品启示要提升水管理部门职能；清岳钟琪机构合并启示一体化管理；清苏宁阿《八宝山积雪说》启示要综合管理。蠲免钱粮启示政策制定应该考虑该地区历史的贡献
新中国成立—21世纪	恢复和大发展时期	命令控制型管理往集成水资源管理过渡	地表水	大力开展水利建设的同时，加强了水利管理，建立了健全的管理体系，广泛采用水权、水价等各种经济措施管理水资源	清额旗移驻鼎新说明当时鼎新生态环境良好，生态用水问题是该阶段凸现出来的。启示今后的发展要处理好经济和生态的关系
21世纪以来	节水型社会建设	集成水资源管理	地表水转向了地下水	开展了节水型社会建设，广泛运用各种经济措施管理水资源，建立了用水户协会，但地下水管理近乎空白	节水型社会是可行的发展道路

目前，张掖市生态用水是难以得到保障的，怎样处理可以借鉴明代建粮仓的思路，通过减少地下水的开采建立地下水银行来解决。减少地下水的开采对生态是有益的，所以

在发展方向上是正确的，同时建立水银行可以为政府增加预留水量，一可以提高政府调控水资源的管理能力，二可以增加政府应对极端事件的能力。

清代均水时下游巡河官员官升一品，以及雍正七年鼎新、高台划归肃州，进行一体化管理的方式也是可资借鉴的经验。张掖市目前要打破和缓解治水部门分割，多龙治水，越治越乱的格局，增加政府对水资源的调控能力，需要成立一个比当前水务部门行政级别更高的水资源管理机构。

地下水资源的过度开采现在已经成为张掖发展中的症结问题，但从历史的角度来看，严格限制地下水的开采决非易事。1956 年的均水实现总耗时不到 2000 年均水耗时的 1/6，其中肯定用水所有制的变迁有关，目前开采地下水的机井呈蔓延之势，从 2000 年的 6000 多眼上升到了现在的 9000 眼，而且很多机井为个人所有，严格控制地下水的开采难度可想而知。历史上张掖为国家做了很多"急公"的事情，左宗堂平定新疆时，因张掖人民在保障后勤中作出的巨大贡献，清政府对张掖蠲免钱粮达到 45 次之多；现代张掖 2000 年完成的分水任务也是急公事件中的一例。要严格控制地下水的开采，需要政府掌控大部分机井，一是可提高自己的调控能力，二是可为地方的可持续发展提供保障。因此，解决张掖地下水过度开采的问题，政府效仿古代蠲免钱粮收购机井，即使只是收购一部分，从目前的情形来看这样做可能是真正解决问题的方法。

4　结语

本章从历史的角度探讨了黑河中游水资源开发利用与管理的演变过程。

(1)辨别了西汉前、西汉至明清、明清、新中国成立至 2000 年、21 世纪以来等不同历史时期黑河中游张掖市的水资源管理状况，西汉前处于疏浚阶段，西汉是水利建设的开创时期，唐朝、明朝、清朝是古代水利建设建设的三个兴盛时期；新中国成立至 2000 年是水利建设的恢复和大发展时期；21 世纪以来是节水型社会建设时期。

(2)总结了水资源管理问题演变的脉络，简单分析了兴衰的原由。明朝前，管理问题的核心主要是均田的问题，明清演变成均水，新中国成立后水资源管理的核心也主要是均水，只是范畴从明清到新中国成立初的为了经济公平的均水演变成了经济和生态用水之间的均水；21 世纪以来，为了实现经济和生态之间的均水采用了建设节水型社会的途径，对策措施主要是针对地表水。尽管取得了一定的成绩，但出现了新问题，地下水资源的过量开采现在成了张掖市水资源管理的核心问题。历史上各朝各代水利的兴盛除了因需要稳定边防，统治者对农业的重视外，大多还有其他相关的财政和税收政策的配合。现在水资源管理涉及的问题越来越多，需要从整体的角度把握问题的脉搏，抓住限制地下水开采这一核心问题，采取应对措施。

(3)总结了历史上可资借鉴的经验，说明资源管理问题与社会问题和其他问题相互之间是不断转化的，对策措施集合也是不断调整的。简要论述了部分历史经验在建立水资源利用公平体系、确保生态用水、提高政府对水资源的调控能力、限制地下水资源开采中的借鉴意义。

上述结果可以为张掖市水资源的开发利用，纵深推进节水型社会的建设提供参考依据。

参考文献

[1] 黄仁宇. 万历十五年[M]. 中华书局,2006

[2] 甘肃省张掖地区行政公署水利电力处. 张掖地区水利志[M]. 甘出准 059 字总 061 号(93)28 号, 1993.

[3] 甘肃省张掖市水利电力志编辑委员会. 张掖市水利电力志[M]. 甘出准 060 字总 024 号(92)011 号, 1993.

[4] 翦伯赞. 中国史纲要[M]. 北京:北京大学出版社,2006.

[5] 阴法鲁. 古文观止[M]. 长春:吉林文史出版社,1994.

[6] 朱绍侯,齐涛,王育济. 中国古代史[M]. 福州:福建人民出版社,2010.

[7] 王元第. 黑河水系农田水利开发史[M]. 兰州:甘肃民族出版社,2003.

[8] 王秉德. 张掖史稿[M]. 甘出准 059 字总 1368 号(2009)74 号,2009.

[9] 甘肃省张掖市志编修委员会. 张掖市志[M]. 兰州:甘肃人民出版社,1995.

[10] 吴晗. 朱元璋传[M]. 北京:百花文艺出版社,2008.

[11] 奥尔森. 集体行动的逻辑[M]. 陈郁,郭宇峰,李崇新译. 上海三联书店,上海人民出版社,1996.

[12] 李希,田宝忠. 建设节水型社会的实践与思考[M]. 北京:中国水利水电出版社,2003.

[13] 徐中民,程国栋. 生态经济研究中的整体性视角[J]. 冰川冻土. 2011,33(3):668-675.

5 张掖市面向幸福的水资源管理战略研究

摘要:颠倒了传统规划设定目标找途径的思路,从规划区实际情况出发,探索了一种通过回避发展过程中的陷阱,从而走上了可持续发展道路的规划思路。首先以幸福为发展目标,辨析了面向幸福的发展过程中存在的陷阱。然后简要阐述了张掖市水资源管理的实践,从金张掖金在水上出发,在注意避免陷入发展陷阱的同时,分总量控制、水资源利用公平体系建设和提高水资源利用效率3个问题,构建起了张掖市面向幸福的水资源管理战略框架。最后,结合研究区的实际情况,针对性地提出了解决问题的对策措施和规划方案。

长期以来,地区的发展问题是学术界和各级政府的热点话题之一,讨论的主旨是如何利用根本手段来实现最终目标。从当前的形式来看,最终目标是清晰的,我国各级政府都逐渐将幸福作为了最终的发展目标。作为内陆河流域的一个典型绿洲区,张掖市的自然景观是典型的天然绿洲镶嵌人工绿洲的圈层结构,其发展主要的限制因子是水。这说明根本手段是明晰的,金张掖金在水上,这在当地已经深入人心。如何合理、高效地利用有限的水资源来提高当地居民的幸福生活程度是张掖市发展需要解决的根本问题。

尽管如此,但幸福问题综合性太强,按传统先设定目标,然后探寻利用根本手段或中间手段来实现目标的方式,并不容易勾勒发展路径。因为幸福作为最终目标包含了太多的影响因素,可以说生活包含多少方面,幸福就包含多少内容[1-2]。目前,传统规划的思路主要是设定目标,接着结合现实情况寻找实现目标的手段,并探讨实现目标的保障措施。这种模式的通病有二:一是目标设定的合理性值得商榷,即使科研人员和地方政府领导深入沟通,深入基层广泛调查,看到的、听到的和想到的,因能力和见识的差异都会具有一定的局限性,导致目标本身的合理性会存在争议;二是即使找到了实现目标的手段,而对实现手段的可行性缺乏合理论证,导致保障措施部分形同虚设。原因何在,预知未来本来是一件困难的事情,缺乏预知未来的能力怎能提出掌控未来走势的保障措施。这里对传统规划的思路进行了补充和完善,认为规划需要按历史经验、现实情况和发展结果这3个成分来设计。规划的新思路与传统思路相比,新增加了一点和补充完善了一点。其中,新增了一点剖析历史经验,这是为了更好地了解地区发展的演化规律;完善了一点,传统上规划采用的是建立保障措施来实现规划结果的思路,这里补充完善成采取措施避免陷入发展的陷阱。美好的目标如果不能实现当然形同虚设,相反如果采取措施能避免陷入发展的陷阱,肯定就是在可持续发展的道路上前进,最起码也是在向可持续发展的道路上靠拢。

本章颠倒了传统规划的思路,在第4章的基础上,首先系统分析了发展过程中可能出现的陷阱,分析了张掖市水资源管理创新的基础以及水资源管理中存在的问题,然后将面向幸福的水资源管理问题解耦成了总量控制、水资源利用公平体系建设和提高水资源效率3个问题,最后结合研究区实际情况,针对性地提出了解决问题的对策措施和规划方案,该研究丰富了水资源管理的理论,充实了水资源管理的实践,可以为西北内陆河流域乃至全国的水资源管理提供借鉴和经验。

1　面向幸福的发展过程中存在的陷阱

1.1　提高幸福的陷阱

增加收入现在是各级政府提高人民幸福生活程度的一项最重要的措施,但这是隐藏着发展的第一个陷阱。幸福研究最有名的是 Easterlin 悖论,即国民幸福并不随收入的增长而增长。通常的经济假设认为,人们的主观满意度只取决于人们在生活的各种领域中实现目标的程度。然而,心理学上享乐适应和社会比较理论认为,人们的主观满意度还取决于人们对生活中每个领域的期望。享乐适应强调,人们从特定事物中获得的效用还受预期目标变化的影响,而且人们还容易适应很多预期目标的变化;社会比较理论强调,人们从特定事物中获得的效用取决于与其他人的比较。受享乐适应和社会比较的影响,通常追求金钱目标(物质和位置等)的期望值会随收入的增加而增加,人们几乎能完全适应金钱目标的变化;而追求非金钱目标(家庭生活、身体健康程度等)的期望值几乎不随环境的改变而改变,人们对此并不能完全适应。这也是为什么调查得到的幸福指数不随收入增加而增加的原因。

同时需要注意,追求金钱目标对实现非金钱目标有双重影响,如收入增加让人们有条件改善自己的健康状态;但追求收入增长要花费时间,会减少人们用于家庭、娱乐和运动的时间。总体来看,追求金钱目标的影响是负面的。原因是目前还无法预期生活不同方面目标期望值的变化,人们通常会花过多的时间和精力去追求金钱目标,结果获得的主观幸福度低于他们的期望值。由于存在享乐适应和社会比较的影响,因此宏观经济政策更多地应该放在改善人们健康状况、实现充分就业、缩小收入差距等方面,这些措施比单纯地增加收入更有利于增加人们的主观幸福感[3]。

需要注意的是,提高幸福的陷阱并不是说增加收入不重要,而是说明增加收入到了一定程度后对改善幸福的作用不及将政策转向非金钱目标所起的作用。

1.2　盲目追求效益的陷阱

系统的状态是效率和恢复力两种对抗作用力作用的结果。效率和恢复力之间是一种此消彼长的关系,只有效率和恢复力之间处于一种协调状态,系统才会位于活力区间的范围内。如果过于追求效率,必然导致系统的恢复力过小,从而非常脆弱[4,5]。在现有的工业化体系下，生产效率、财富等是衡量社会进步与否的标尺，对效率的追求必将导致人类利用自然资源的规模不断扩大，在缺乏外界约束的情况下必将超越承载能力的范围，从而使系统整体非常脆弱甚至最终崩溃[6]。在张掖市，具体表征形式将是人工绿洲的规模撑破天然绿洲的保护。以 GDP 增长为目标，过去穷人是输家，对黑河流域而言，如果模式不改变的话，整个流域很可能都会成为输家。

盲目追求效率的陷阱说明在发展的时候要重点考虑生态环境的限制。如果不考虑生态环境的限制，盲目追求效益甚至幸福的生活，很可能将我们推入生态崩溃、贫困生活的双重困境中[7]。

1.3　大蛋糕的陷阱

蛋糕做大了，你就可以分得更多，这是通常的政策宣传口号之一[8]。蛋糕做大了，穷人能分到手的绝对数量确实也会增加。但是分到的比例份额却会减少，收入分配的马太效应指的就是这种情况[9]。前已述及，金钱目标带来的福利影响受享乐适应和社会比较的影响，因此相对份额比绝对数量对人们主观幸福生活程度的影响要大。

蛋糕做大了，质量更好了，这也是通常的政策宣传口号之一。用普遍的话来解释，就是老百姓手中的钱更多、更值钱。只要问一下谁来做事情？就能发现这也是一个陷阱。这方面真正有效的政策是价值观念方面的引导，要引导老百姓如何做一个高尚的人、一个纯粹的人、一个有道德的人、一个脱离了低级趣味的人、一个有益于人民的人，让老百姓做自己力所能及的事情。

因此，政府的政策引导不仅需要关注把蛋糕做大的问题，更需要关注蛋糕的分配问题，同时也需要关注把蛋糕做大、蛋糕分配过程中的价值观念问题。

1.4　盲目遵从生态经济发展理念的陷阱

生态经济学提出了人类发展面临的 3 个问题：规模问题、公平分配问题和效率问题。其中规模问题要求人类社会的发展处于地球的承载能力范围内；公平分配问题要求社会限制市场不公平的范围，保证不同个体间资源分配的公平；效率问题主要是看能否以最少数量的资源来满足最多的人类需求，而不是强调最大化的生产。同时给出了解决这 3 个问题的先后次序，首先是规模问题，然后是公平分配问题，最后才是效率问题[10]。需要注意的是，基于上述 3 个问题的稳态经济思想是一种全球性理念，如果分解到国家或地区尺度，由于贸易的存在，情况当另当别论。因为国家或地区越发达，通过贸易将自己的环境压力转嫁给其他国家或地区的能力就越强，从而可以侵占发展中国家或地区的资源[11]。因此，在竞争日益激烈的全球环境中，对发展中国家或地区而言，增加发展能力非常重要[12]。

该陷阱说明，在目前西方工业化思想的影响下，作为发展中地区，不能盲目地减少经济增长速度，需要在规模（不进一步破坏生态环境）的限制下，尽量提高经济增长速度。

2 张掖市水资源管理中存在的问题、创新的基础、创新的思路

2.1 张掖市水资源管理中存在的问题

张掖市是一典型的绿洲农业区,具有生态环境是发展的基础、经济发展是保障、水资源是纽带的特征。金张掖就是金在水上,按目标手段谱的区分,水资源是张掖市能利用的根本手段。第4章总结了历史时期张掖市水资源管理的主要特点:①张掖市目前的水资源管理模式是集成的水资源管理模式,当前的主要任务是纵深推进节水型社会建设;②张掖市水资源管理中的主要问题是不断演化的,从土地、地表水、生态用水到现在的地下水、不同的阶段问题也不尽相同;③张掖市的水资源管理不是就水论水的,历来强调调动社会资源管理水资源[3]。

自2001年实施黑河流域近期治理和开展节水型社会建设试点以来,张掖市的水资源管理得到了有效的改善,但仍然凸显出一些问题。主要表现为:生态用水无法保障;地下水开发利用形式严峻,未能建立完善的水资源监测控制体系;制度保障措施不完善;公众参与程度不高;水权市场不完善,缺乏合理的水价运行机制等。其中最核心的问题是地下水超采,而且地下水开采增长还呈难以抑制之势。从2000年至2009年,张掖市的机井数量从近6000眼上升到了9132眼。目前,地下水机井年取水量已达5.5亿m^3,占允许开采量的72%,已经超采净地下水资源量的53%。相比2000年的地下水开采量3.2亿m^3,增加了2.3亿m^3。这个量已经非常接近黑河分水的调水量。造成这种格局的原因主要有,一是黑河分水造成张掖地表水资源供给严重不足,对开采地下水形成了压力;二是地下水现在只收水资源费,用地下水成本低,这里存在经济上的溢出效应。

整体来看,张掖市水资源的开发利用是一张怎样的图片呢?张掖自建设节水型社会试点以来,甘临高三县区的平均灌溉定额已从1.2万m^3/hm^2降低到现在0.795万m^3/hm^2,技术性节水已取得了明显的成效。表明上确实如此,但如果纳入耕地面积的变化,呈现的将是一张不同的图片。2000年甘临高的耕地面积为18万hm^2,2010年扩大到19.7万hm^2。目前,黑河中游单方水的节水成本是10元/m^3,而农业的单方水产出率非常低,仅2.5元/m^3。同时需要注意,新增耕地面积的生产能力通常要小于原有耕地面积。将地表水节水、分水,地下水的开采和耕地面积的变化这几种要素组合起来,可以得到这样的图片:张掖市将节约的地表水用于耕地面积的扩大,将开采的地下水用于调水。从成本效益的角度来看,显然,将黑河治理工程节约的水用于灌溉新增耕地面积并不明智。而且,地下水超采因具有显著的负面生态效应,开采用于调水,也不是明智之举。这张图片说明张掖市已经堕入了盲目追求效益的陷阱中。

2.2 张掖市水资源管理创新的基础

建设节水型社会是张掖市可持续发展的根本出路,这是各级政府、专家学者以及广大

人民的共识，近年来仍备受关注。国家领导人、民主党派的负责人分别批示和建言，要求张掖市加大水资源管理改革的力度，建设黑河中游国家水权水价改革试验示范区，纵深推进节水型社会建设，实现黑河流域的协调发展。2011 年中央 1 号文件《关于加快水利改革发展的决定》也为张掖水资源管理的发展提供了有利的机遇。

张掖市 2001 年就是全国第一个节水型社会建设实验示范区，至今节水型社会建设取得诸多的成就[14]。当地政府 2010 年又率先编制了地区的生态经济发展战略规划，采用缩减人工绿洲面积来维持天然绿洲和人工绿洲的合理比例，并勾勒了建立现代农业发展与生态建设的耦合体系①，加上已经实施的十大工程建设②，以及提出的建设“生态文明大市，现代农业大市，通道经济特色市，民族团结进步市”的发展目标，这些都为当地的水资源管理创新提供了基础。

2.3　张掖市面向幸福的水资源管理战略规划思路

张掖市水资源管理战略很容易与生态经济发展面临的规模问题、分配问题和效率问题对应起来，并从中诊断出发展需要回避的上述陷阱。水资源管理战略只要回避上述陷阱，就可认为是一种面向幸福的水资源管理战略。因此，这里从总量控制、水资源利用公平体系构建和提高效率 3 个问题入手，构建张掖市面向幸福的水资源管理战略框架。其中，总量控制对应于规模问题，主要是为了确保向下游分水，同时维持天然绿洲和人工绿洲比例合适。作为首要问题，主要是为了避开盲目追求效率的陷阱；水资源利用公平体系的建设对应于分配问题，主要是为了避开提高幸福生活程度的陷阱和大蛋糕陷阱；提高效率对应于效率问题，主要是在控制总量，提供用水公平的基础上，通过建立科学合理的水价运作体系，完善水权交易市场来实现。这样既是为了提高水资源的利用效率，又可以避免陷入盲目遵从生态经济理念的陷阱，同时也可以帮助走出目前陷入的效益陷阱。

结合张掖市目前水资源管理中存在的问题，针对上述 3 个问题，采取的对策措施如下：水资源利用总量问题，首先在完成黑河分水任务的基础上，明晰生态、生产和生活以及其他各级水权，确定总量控制指标；其次通过建设水资源计量监控设施，水污染总量控制设施，建立起区域水资源总量控制监测体系；最后采取减少地下水的开采，建立地下水银行来确保生态用水的配给，保障水权的落实，同时提高政府应对极端事件的能力。水资源利用的公平体系问题，借鉴诺贝尔经济学奖获得者阿玛蒂亚 · 森提出的提高居民幸福程度的体系框架[15]，通过加强政府的调控和监督、建立完善的节水制度体系、加强宣传、扩大公众参与、政策公开、保障用水安全、建立完善水权交易市场来实现。水资源的利用效益问题，主要内容是建立合理的水价运行体系，完善水权交易市场，并开展水权转让试点工作。其中需要注意的是末端渠系的节水问题，这是保证斗渠以下节水实现总量控制的前提，也是让农业终端水价落到实处，水权转换有水可转的需要，同时也是将末端渠系放归用水户协会管理，实现公众参与的一种途径。整体思路框架如图 5.1 所示。

---

① 中国科学院寒区旱区环境与工程研究所. 黑河流域中游生态经济发展战略规划. 2010 年.

② 中共张掖市委，张掖市人民政府. 十大工程工作大纲汇编. 2010 年。

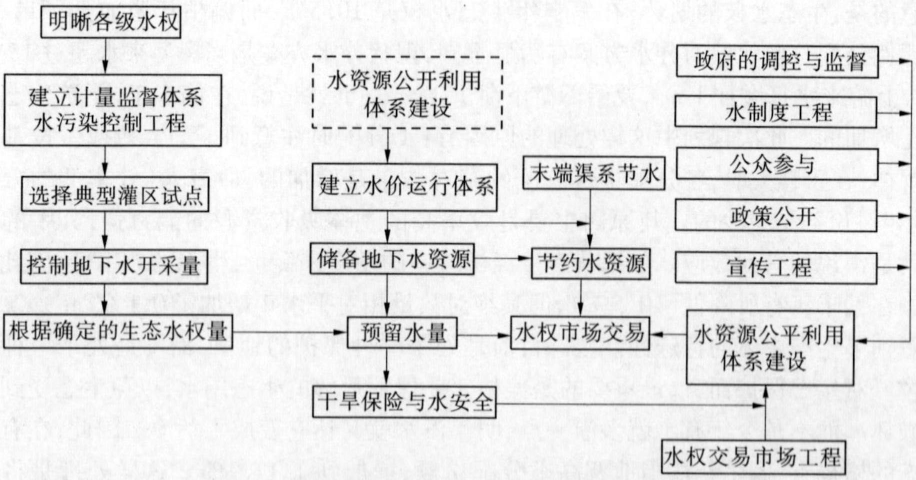

图 5.1　张掖市面向幸福的水资源管理战略措施框图

3　张掖市面向幸福的水资源管理战略方案

3.1　总量问题

3.1.1　解决问题的思路

张掖市是典型的绿洲农业区,外围是天然绿洲,中间是人工绿洲,用水主要是黑河水。当地政府就结合自己的实际情况,将黑河分水视为外部硬约束,制定了以生态保护为主,缩减人工绿洲面积,以保持天然绿洲和人工绿洲的比例关系更合理的战略。这是有前瞻性的战略构思,因为中国5000年文明之所以能延续到现在,就是因为没有从根本上破坏生态环境[16]。水资源的可持续利用首先要保证水资源的吞吐量不能超过可更新总量,因此水资源的总量问题除了用水总量外,还包括一个水污染问题。2000年以来,张掖市圆满完成了黑河的分水计划,但是自身内部出现了生态恶化、地下水超采日益严重的问题。针对内部的这些问题,本规划采取了明晰水权、建立监测体系、设置水污染控制工程、建设地下水银行等针对性的措施,具体如下。

3.1.2　具体的解决措施

(1)明晰各级水权

总量控制的总体目标就是在完成黑河分水任务的基础上,控制生态、经济、生活等的水资源利用总量,使天然绿洲和人工绿洲的面积比例维持在一个合理的水平。采取的措施是通过明晰生态、生产和生活以及其他各级水权,确定总量控制指标。

按照水利工程供水能力、水资源配置方案等综合分析计算,平水年(保证率 $P=50\%$)时张掖市可供水量23.34亿m^3,农业、工业、生活、生态水权比例为83.8∶3∶2.6∶10.7。需要注意的是，生态水权的划分，在偏丰年生态水权是 10.5%，而偏枯年增加到了11.1%。这种比例分配与现状黑河分水方案有明显不同，现状分水方案是当黑河来水超过 15.8 亿 m^3 时，上游来水每增加 1 m^3，要给下游下泄 1.18 m^3，也就是说，在偏丰年，下游生态分水份额是增加的。此次规划中这样处理的原因有：①分配时注意到了马太效应。按基本的经济规律，在蛋糕大时，各分配主体分配的绝对数量是增加的，但穷人（效率低的分配主体）的相对份额是减少的。其原因主要是效率高的主体吸收资源的能力强，其中的作用机制就是常说的马太效应。如果从产生经济效率的角度来衡量，生态的效率低，因此其分配份额在偏丰年有所降低（10.5%），但其绝对数量相对平水年增加了 0.1 亿 m^3。②分配时注意到了生态主体的特殊性。生态目前是处于一种保护的地位，而不是处于一种发展的地位。对生态保护而言，最重要的是偏枯年要保证足够的生态用水，以免生态受到进一步的破坏。而不是今年有水就多灌一点，明年没水就又让它变成了荒漠。因此，在有水就有生态的格局下，偏枯年适当地调高了分配份额，增加到了 11.1%。这样处理是将黑河的分水问题从以前的蛋糕分配问题，转向了鸡蛋的蛋黄和蛋白的分配问题，人类社会的发展就是在一定蛋白的保护下，尽量提高蛋黄部分的质量，以前蛋糕的分配实际上是蛋黄部分的分配。

（2）设置水污染控制工程

水资源利用总量问题中需要考虑到污染问题。目前，张掖市水污染问题有加重的趋势。因此，采取了下述水污染控制措施。①根据水功能区水质目标，设立纳污红线。要求水源区水质达到Ⅰ类要求，城乡居民生活饮用至少在Ⅱ类以上，工业生产用水水质达到Ⅲ类，农业生产用水达到Ⅳ类标准，生态环境用水水质不得低于Ⅳ类；②在 19 个排污口建立污染排放的监测系统，对主要水功能区的水质进行定期监测；③完善监督管理体系；严格控制工业污染，对不能稳定达标排污企业关停并转。严格入河排污口审批，规范审批程序，严把入河排污口设置关口。加大水污染的惩治力度，加强河道、水库水体水质的监测，防止河道、水库水质恶化。④设立污水处理厂，根据近年来污水排放情况，建立污水处理厂，年污水处理能力达到 20 万 t（全市，含各县城），用于回补地下水或生态灌溉。

（3）建立水量计量监控体系

对各用水主体以及水资源转化关系的定量监测，是总量控制和水资源管理的基础。目前张掖市各县区的引水口门，尤其是末级渠系，大多无引水计量设施，各灌区的水量信息采集、闸门启闭、通信等技术手段落后，缺乏必要的监测、监督手段，不能有效控制引水量，需要通过建设水资源计量监控设施建立起区域水资源总量控制监测体系。

采用的具体措施有：①实行黑河中游县际水文断面监控。黑河中游甘、临、高三县区引水点多，口门较为分散，而且缺乏精确计量设施。为了确保完成分水任务，除在引水口和井口实行取水计量外，对甘、临、高三县区过境水文断面实行过水控制性总量指标管理。具体以高崖水文站控制甘州区引水量，以平川水文站控制临泽县引水量，以正义峡水文站控制高台县引水量。通过科学确定三县区水文断面水量指标，进一步明确县区引水总量和下泄总量双重指标，将黑河调水指标细化分解到三县区，以此落实县区调水责任。②完善各级引水渠系计量设施。地表水引水口门的用水计量设施，主要是在干、支、斗渠建造标准量水堰，斗渠以下安装移动式量水设施，全面普及建设末级渠系量测水设施，健全区域地表用水监控体系,提高水资源监控能力,有效控制农业用水总量和灌溉定额。③同时强化机井计量设施的安装,完善地下水动态监测系统。张掖市地下水开采有日益严重的趋势,其管理需要打破以往"任由开发,无法计量"的局面,按《张掖市加强地下水统一管理实施方案》要求,对全部地下水开采机电井配备智能化计量系统,为严格控制地下水开采提供基本的信息支撑。同时完善地下水动态监测系统。对现有地下水动态监测井进行技术改造,基本实现行政区域内地下水进行动态监测。规划对张掖市现有9132眼地下水开采机电井安装智能化计量系统,对160眼地下水观测井建设地下水位自动观测系统。④加快干渠视频监测和信息传输系统建设。为规范并完善干流灌区监测站点,弥补非干流灌区监测站点的空白,以满足张掖市水资源远程调度管理的需要,在黑河干流上影响黑河水量调度的(张掖市所属以及甘州区和高台、临泽两县)的32个引水口门建设水情监测和视频系统,在6县区其他142个干渠上建设水情监测点,信息通过铺设光缆传输。以此为合理、科学地利用张掖市水资源以及实时监控工程的运行状况提供技术保障,减少决策的盲目性,降低决策风险,减小工作人员的劳动强度和工程运行管理费用。

(4)建立地下水银行

鉴于张掖市目前生态用水量不能满足的现状,结合明代粮仓的经验,积极探索地下水银行制度[17]。地下水银行主要储蓄来源有:相对现状而言,地下水开采的减少量;污水处理后的回补量;节水工程和经济措施节约的部分水量;其他水库释放的蓄水等。储存在地下水银行中的水资源,将作为政府掌控的预留水量。一是可以开采用于保证生态用水,二是可以用于应对极端干旱等突发事件,增加政府的调控处理能力。前面的水权明晰,监测体系的建设就是建立地下水银行的基本保证,随着水资源利用公平体系的建立,其监督管理体系也将完善。

3.2 水资源利用的公平体系建设

3.2.1 解决问题的思路

公平体系的建设是面向幸福的水资源管理模式中最关键的一部分,它与幸福的目标关系最为密切,同时也是最难刻画的一部分。要避免陷入提高幸福的陷阱,陷入大蛋糕的陷阱,需要加强公平体系的建设。

公平是一个抽象的规范性概念,通常很难具体化,这里借鉴阿玛蒂亚·森的体系框架,结合研究区的实际状况,构建了水资源利用的公平体系。阿玛蒂亚·森将促进居民幸福生活的体系分解为政治自由、经济条件、社会机会、透明性保证和安全保障等方面。具体到研究区的水资源管理实践,用水户协会的建设已经很普遍,这里用公众参与来表示政治自由的维度;张掖地区虽然较早开展了水权水票制度,但实施效果并不理想,与市场不够完善有关,这里使用水市场培育替代经济机会维度;水资源利用是张掖市一切的基础,这里将宣传培训作为替代社会机会的维度;水政策的公开透明是水资源管理成败的关键,这里用水政策公开以及前面提及的公众参与作为透明性保证的指标;在干旱区,水资源总量的波动以及水安全的变化与当地的生态建设、生产实践以及居民的生活质量息息相关,以干旱保险与水安全替代安全保障维度。同时结合我国的实际情况,增加了政府的宏观调控和监督,以及水制度体系建设的内容。

值得注意的是,这些维度不仅本身之间就关系紧密,而且与规模、效率问题之间的联系也非常密切。比如,环境保护中生态保护部分已在总量部分阐明,水权交易市场的完善与提高水资源效率部分关系更密切。因此这里主要从政府的调控和监督,水制度体系,扩大公众参与、政策公开及加强宣传培训,干旱保险以及水安全工程 4 个方面展开具体论述。

3.2.2 具体的措施

(1)政府的调控和监督

政府的调控和监督是根据具体的区情增加的一个维度。"多龙治水"是张掖水资源的传统管理模式,各部门在管理职能上存在交叉和分割,没有一个机构对水资源管理负总责。由于金张掖就是金在水上,因此可以借鉴历史上治水官升一品以及一体化管理的思路,规划成立一个政府职能部门,如由分管水的副市长任主任,由涉水相关各部门组成的综合性的水政策管理机构。在市委、市政府的直接领导下,全面负责全市水资源宏观管理,将水、能源、粮食、生态、文化体育、医疗卫生等事务纳入一个体系,进行"统一配置、统一调度、统一管理、统一监督",充分发挥政府的宏观引导、调控和监督作用。其中纳入文化体育、卫生医疗行业主要考虑到了回避提高幸福的陷阱,公平体系部分其余的对策措施主要是为了回避大蛋糕的陷阱。第 4 章曾提到 1956 年分水和 2000 年分水持续时间上的差异,就说明政府需要采取措施,提高公众的凝聚力,关注公共品的生产和消费问题。

(2)水制度工程

水制度工程也是考虑具体区情后增加的一个维度。严格的水制度是保证水资源可持续利用、保证社会经济可持续发展的基础。张掖市在节水型社会试点建设过程中,已经建立了一系列的水制度。本方案中,围绕总量控制、效率控制、纳污控制三条红线,结合本地的实际情况,统筹考虑地表水和地下水,进一步建立和健全严格的用水制度体系。以法规形式确定涉水事务统一管理体制,理顺和解决城镇供水、节水、排水、污水处理的分部门、多头管理问题,为推进改革提供基本的制度保障。

具体的制度建设包含下述内容:建立区域用水总量控制红线;建立用水效率控制红线;建立水功能区纳污红线。同时,严格实施取水许可和水资源有偿使用制度;严把水资源论证关;严把取水许可审批关;严把取水许可后续建设管理关,加强取水许可的监督管理。建立总量控制与定额管理相结合的制度支撑体系。明确将限制地下水的开采作为一项制度建设的内容加以落实。根据甘肃省地下水功能区、地下水超采区划分成果,将张掖市地下水开发利用区域划分为红区、黄区、蓝区,分别制定开发利用规划和恢复保护措施,从总量控制、定额管理、计量设施安装等各个环节实行分区管理。

(3)公众参与、政策公开及宣传培训

公众参与对阿玛蒂亚·森框架中的政治自由维度。完善用水户协会制度,加强公众的参与。进一步完善现有的用水户协会制度,水管理部门下放权利,由用水户协会负责斗渠以下田间工程的管理、维护和水费收缴、水事纠纷调处及渠系内部水量交易。

政策公开对应于阿玛蒂亚·森框架中的透明性保证维度。水因为联系着生态和经济,其政策是张掖发展的基本政策,相关政策的公开和透明可以保证用水户的知情,也是水资源管理知识宣传培训的必要前提。

宣传培训对应于森框架中的社会机会维度。在目前的工业化体系下,宣传工程要求将社会偏好引导向消耗非消耗性的需求满足品,这样才能在满足一部分人需求的同时不给其他人强加负的外部性。中华民族的一些正当的价值观念是需要宣传鼓励的,张掖历史悠久,先人留下的很多美德和精神需要继承和发扬①。可以通过网络、电视、报刊等各种媒体,制作标牌、举行活动、树立模范等各种形式,对张掖发展过程中的一些传统美德进行总结,系统宣传,以培养公众正确的价值观念。同时加强公众进行进行合理用水的宣传与培训,提高公众对水资源的认识,提高节水、管水的意识和能力。

水制度工程、公众参与、政策公开、宣传培训,这些内容即是目前集成水资源管理中的核心主题,也是历史上张掖市水资源管理重视社会资源作用的一种延伸。

(4)干旱保险与水安全工程

干旱保险和水安全维度对应于阿玛蒂亚·森框架中的安全维度。在全球气候变化环境下,水安全是关系张掖市未来社会经济发展的重大问题,它包括防洪安全、饮水与供水安全、水生态与水环境安全等,确保防洪安全,保障供水安全,改善水生态环境,必须从规划、政策、管理、工程、执法等方面加以解决。尽快研究编制"水安全应对规划",分流域、分区域作出应对预案。针对资源型缺水问题,抓紧研究外流域调水方案。显然,前面提及的地下水银行,也是应对干旱保险和应对其他水安全问题的一种对策措施。在正常情况下,这部分水量主要用湿地补水、抬升地下水位等生态保护建设,当出现重大旱情、重大污染事故等水安全问题时,政府可动用这部分水资源用以解决危机。

根据研究区的实际情况,确保农村饮水安全也是水安全工程的一项重要内容。需要把保护农村饮用水水源作为农村环保工作的重要内容,将饮用水源地保护和解决人畜安全饮水纳入政府环保指标,组织开展水源地环境状况调查,科学划定水源保护区,切实加强监测和监管。加快实施农村饮水安全工程,建设清洁水源5处,解决近万农村人口喝不上干净水的问题,并建设必要的监控监测体系。

3.3 水资源利用效率问题

3.3.1 解决问题的思路

在总量控制和分配公平的条件下,为了回避盲目遵从生态经济发展理念的陷阱,需要

① 这样的事例很多,略举三例。历史上乾隆年间甘肃布政史王亶望腐败案,在县级官员中唯一没有参与此事的官员就是张掖县令陶士鳞,陶县令在拒绝参与腐败时引用了老子的一句话:天地万物,物各有主,非吾之莫取。这说明了生产生活用水不能挤占生态用水。甘州区有一盈科灌区,盈科来自《孟子. 离娄下》,原文是"原泉混混,不舍昼夜,盈科而后进,放乎四海"。字面意思是泉水遇到坑洼,要充满后继续向前流。比喻工作和学习要步步落实,不能只图虚名。这说明对花费了大量人力物力从河流里引的地表水和抽取的地下水要进行高效利用。呼延平义薄云天,抚养后燕君主慕容超。

尽量提高水资源的利用效率。

水价水权是利用经济杠杆促进用水效率提高主要的经济措施。张掖市的水价体系主要是针对地表水资源，而且水价过低，因此需要进一步理顺水价结构；张掖市虽然较早引入了水权，但由于水权交易市场不完善，水权的杠杆作用远未能发挥，此战略规划将进一步完善以水权为中心的水市场，并将在典型灌区开展水权转让生态和工业的试点工作。

3.3.2　具体的措施

(1)建立合理的水价运行体系

逐步建立符合张掖市水资源紧缺状况的水价形成机制和管理体系，发挥水价的经济杠杆作用，以此促进农村经济结构的调整，加大转变发展方式，提高用水效益和效率。

加大水价改革力度，原则上实行全成本收费，这首先需要建立公平合理的水价定价机制，同时结合张掖市的实际情况理顺水价结构，规范水价格运行的监管机制。需要在综合测算辖区内水利工程的资本成本的基础上，结合张掖市的实际情况综合制定水价。由于单纯提高地表水价存在严重的溢出效应，会引起地下水的超采，因而新的定价机制需要将地下水纳入到一起统一考虑。同时张掖市地表水和地下水之间存在多次重复转化，因此需要以农户真正的水资源消耗量为基础来确定水价，同时需要兼顾弱势群体。其中水资源的真正消耗量将基于测量全市各灌区的灌溉水渗漏率来确定。这样的定价机制不仅体现水资源的稀缺性和价值，而且避免了重复收费的问题，相对用水户来讲比较公平。

(2)水权市场的建设

改进和完善张掖市的水权制度，建立和完善市场手段与政府宏观调控相结合的水市场，是推进张掖市节水型社会纵深发展的必然要求。

健全水权交易市场的具体内容有：规划成立水权转换工作协调领导小组，在初始水权分配方案的基础上，制定完善《政府预留水量的管理办法》、《水权转换实施意见》、《水权转换实施细则》和《水权转换资金使用管理办法》等文件，给出张掖市年度水量分配的协商制度，包括启动协商制度的条件，协商的基本原则、主要内容和协商仲裁等。如需要修改年内分水计划和调整时段分水比例，需要启动协商制度来加以解决。同时，研究和提出水量交易的管理办法，包括水量交易的指导思想和原则、范围和条件、审批权限和程序、期限与价格、组织实施与监督管理、奖励与惩罚、技术文件的编制要求等，使水权转换工作有章可循，规范管理。依靠这样的制度建设，可以明确水权置换的范围、层次、规模，摸索水权置换程序，水权置换的监督管理办法，明确出让方和受让方的责、权、利，以及利益双方的补偿机制，完善水市场的监管制度。这与前面水资源利用公平体系的建设内容一起，可以实现完善水市场的目的。

(3)水权交易的试点

培育和完善水权交易市场，针对张掖市目前可利用水资源有限，单方水产出较低的农业占用水资源较多的现状，尝试开展农业对生态、对工业、对生活等部门的水权转让，以经济手段倒逼农业节水和放弃用水效率较低的耕地与农业生产。

根据张掖市“十二五”国民经济发展规划的近期重点工业建设项目和生态需水的要求，各灌区在开展末端渠系工程建设的同时，选择甘州区盈科灌区向工业转换水权；临泽县平川灌区和高台县三清灌区向生态转换水权；高台县骆驼城灌区向生态转换水权，该灌区因地下水超采严重，通过灌区农业节水来达到采补平衡，实现生态保护的目的；选择民乐洪水河灌区向工业和生活转换水权；山丹马营河灌区向生态转换水权。目前这六个典型灌区斗农渠衬砌水平还很低，计量设施受基础设施配套工程的影响严重滞后。规划对六个典型灌区斗农渠没有衬砌的全部进行衬砌，斗口建设量水槽，农渠修建地头闸，同时各灌区配备便携式超声波流量计等计量设施。

3.4　投资与效益分析

工程总投资初步估算8.46亿元①，其中，地表水计量监测系统投资5205万元，地下水预警监测与计量控制系统投资5167万元，典型灌区末级渠系工程投资63713万元，水权交易市场工程投资3780万元，水制度体系工程投资2780万元，公众参与、政策公开、宣传工程投资4395万元，水价改革投资1090万元。上述各项工程措施实施后，可节水1.54亿m^3，如果依托其他项目，在6个典型灌区发展现代农业节水工程和田间节水工程，保守估计可以节水0.584亿m^3。合计达2.12亿m^3，这已接近平水年分水方案中中游所需的下泄水量。无疑，该战略规划方案的实施可以有效缓解张掖市目前地下水开采严重的趋势，缓解生态环境恶化的趋势，也是保证分水方案长期有效实施的一种保证，这是目前战略规划显性的绩效。另外，该战略规划实施所带来的社会绩效是难以估量的，它涉及了发展观念的真正转变，可以牵引张掖市真正走上可持续发展的道路。

4　讨论

黑河幸自绕甘州，为谁留下额旗去？躬身自问这个基本的问题，才能看到发展的终极目标，才能发现发展所能利用的根本手段和途径。确实，远望才知困难小，凌空才见金龙舞。张掖市面向幸福的水资源管理战略颠倒了以往设定目标找途径的思路，立足现实，从金张掖金在水上出发，在总结发展过程中存在的陷阱的基础上，采取措施回避这些陷阱，从而勾勒出了一幅未来的发展蓝图。在理论上，它将抽象的社会发展目标幸福与关键的自然资源管理结合，拓展了幸福研究的范畴。如果幸福的追寻不考虑生态环境的限制，确实很可能把我们推入双重的困境，生态退化、贫困的生活，严重的甚至导致整个社会体系的崩溃。同时也给关键自然资源的管理加上了正确的目标，凸现了发展过程中的陷阱。在实践上，结合张掖市的实际情况，该战略将水资源管理问题分解成了总量问题、水资源公平利用体系问题以及水资源利用效率3个问题，并借鉴历史上的一些经验，针对性地采取了对策措施。其中水资源利用公平体系的建设，将公平问题置于效率问题之上，并采用诺贝尔经济学奖阿玛蒂亚·森提出的体系框架，尝试性地将规范性的公平问题落实到了具体的对策措施上。

---

①　具体详细的工程投资计算见《张掖市面向幸福的水资源管理战略规划》，中国科学院寒区旱区环境与工程研究所，2011。

该蓝图的不足也是显然的，公平问题涉及范围广泛，这里解耦的几个维度也不具有完备性，如最重要的教育和医疗保障，以及充分就业等老百姓关注的重大问题，在现在的对策措施集中涉及的很少。水权的划分以及落实能不能真正解决水资源的总量问题，方案中指出了需要考虑增加社会资本，提高人民的凝聚力来辅助解决，但没有具体提出解决方案。另外，考虑历史的贡献建议政府回购地下水开采机井[13]，因本规划强调的是自力更生，对此也未涉及。

从目前的认识来看，该战略的提出主要是一种思路上批判思考的结果，是一种初步的概念性探讨。采取的对策措施其效益除了节水效果可以准确预估外，其他的社会效益都难以精确度量。地区的发展与个人的发展一样，可能正是这些不能精确度量、变化缓慢的变量才是发展所需要解决的问题。相信该规划的具体实施，不仅可以有效缓解张掖市水资源管理涉及的生态恶化、地下水开采严重等问题，更重要的是伴随发展观念的转变，对张掖市真正走上可持续发展的道路起一定的牵引作用。

5　结语

作为全国第一个节水型社会建设试点和全国第一个节水型社会建设示范市，张掖市曾为全国节水型社会建设提供了示范和经验。重要的是，作为干旱区内陆河流域典型的绿洲农业区，张掖市历来有盈科而后进的传统。通过上述举措，定能使严格的水资源管理落到实处，使水资源的利用效益迈上新台阶，再现金张掖辉煌，张我国水资源管理改革之臂掖，为其他内陆河流域，乃至全国提供一些可资借鉴的经验，促进我国水资源管理的发展。

参考文献

[1] 科斯坦萨，乔根森. 理解和解决 21 世纪的环境问题——面向一个集成的硬问题科学[M]. 徐中民，张志强，张齐兵译. 郑州：黄河水利出版社，2004.

[2] 程国栋，徐中民，徐进详. 建立中国国民幸福核算体系的构想[J]. 地理学报，2005，60(6)：883 - 893.

[3] Bruni L，Porta P L. Economics & Happiness：framing the analysis[M]. 2005. Oxford：Oxford university press.

[4] 尤兰维奇. 增长与发展——生态系统现象学[M]. 黄茄莉译，徐中民校. 郑州：黄河水利出版社，2010.

[5] 徐中民，程国栋. 生态经济研究中的整体性视角[J]. 冰川冻土. 2011，33(3)：668 - 675.

[6] 怀特. 进步简史[M]. 达娃译. 海口：海南出版社，2009.

[7] Reisch L A，Ropke I. The ecological economics of consumption[M]. Cheltenham：Edward Elgar publishing house. 2004.

[8] 戴利，法利. 生态经济学——原理与应用[M]. 徐中民，张志强，钟方雷等译. 郑州：黄河水利出版社，2007.

[9] 哈肯. 协同学：大自然构成的奥秘[M]. 凌复华译. 上海：上海译文出版社，2001.

[10] 徐中民，程国栋. 人地系统中人文因素作用的分析框架探讨[J]. 科技导报，2008，26(3)：86 - 92.

[11] Rothman D S. Environmental Kuznets Curves - real progress or passing the buck? A case for consumption-based approaches[J]. Ecological economics，1998，25：177 - 194.

[12] 徐中民,程国栋,邱国玉.可持续性评价的 ImPACTS 等式[J].地理学报.2005,60(2):198-208.
[13] 钟方雷,徐中民,程怀文等. 黑河中游水资源开发利用与管理的历史演变[J]. 冰川冻土, 2011,33(3):695-703.
[14] 李希,田宝忠. 建设节水型社会的实践与思考[M]. 北京:中国水利水电出版社,2003.
[15] 阿玛蒂亚·森.以自由看待发展[M].任赜, 于真译.北京:中国人民大学出版社,2002.
[16] 特恩德.复杂社会的崩溃[M].邵旭东译.海口:海南出版社, 2010.
[17] 王浩,党连文,谢新民,等.流域初始水权分配理论与实践[M].北京:中国水利水电出版社,2010.

第三部分

学科建设理论进展

导读Ⅲ

生态经济学是一门庞杂的交叉学科。靠科研人员单打独斗，要想取得大的研究成果，希望非常渺茫，必须依靠科研团队。第三部分收录3篇文章，主要讨论学科建设的问题。

《中国生态经济学的学科发展战略》主要总结了国际上生态经济学未来的研究趋势，并结合我国的研究状况，阐述了未来5～10年生态经济领域的发展战略。这是系统勾勒的生态经济学发展的大背景。

《生态经济中的思维方式与研究生的培养和教育》分析了学习生态经济学与人的自我完善之间的关系，总结了学习生态经济学的作用；同时结合生态经济学的特点与剖析的思维方式，探讨了解决目前研究生面临问题的对策措施。《论科研团队建设》主要讨论的是科研团队如何成其大的问题，将团队建设归结为势的问题，然后在此基础上提出了科研团队建设的范式。这2篇文章可以组合在一起，构成个人完善的一种手段谱。《生态经济中的思维方式与研究生的培养和教育》实际上是讨论的研究人员如何成才的问题；而《论科研团队建设》主要讨论的是科研人员如何将自己的才能发挥出来的问题。这里将其主要观点总结为4点，希望能为广大想成其大的科研人员提供一点可资借鉴的经验。

科研人员在发展的道路上怎样走好自己的每一步呢，**首先是志当存高远，**这要求你能静下心来，排除现代社会中的一些干扰。静以修身，俭以养德，非澹泊无以明志，非宁静无以致远。**其次是要有力、有目标还要有发奋忘食的精神**。世之奇伟、瑰怪常在于险远，要有志有力，又不半途而废才能至。**再次，要有克服一切困难和挫折的能力**。一个人在学习和工作中不可能是一帆风顺的，前程路上有几多坎坷。面对困难和挫折，怎样能找到手段出来，怎样能站得住呢？这要求一个人有开阔的视野、深刻的见识。碰到问题要想得开，放得下。究其实质就是要求一个人多读书，读好书，而且读懂书。真正的东西并不在书上，而在书外；“尽信书不如无书”讲的就是读书不能死读书，还要会思考，看问题要全面系统，思维方式要灵活。一个人如果既能入局体会，又能出局超脱，全面看待问题，那么面对各种问题，肯定就能游刃有余。**最后要有团队精神，做事要大家一起来**。毛主席说，“这个世界是我们大家的，有事要大家一起来”。现代科学的发展面对的问题越来越复杂，这要求靠团队才能解决问题，单靠几个聪明人是解决不了问题的。现代的形势告诉我们，要成就一番大事业，必须有开阔的胸襟。是以泰山不让土壤，始能成其大，指的就是做人要有开阔的胸襟，才能成就一番伟业。

6　中国生态经济的学科发展战略

摘要：系统地阐述了生态经济学学科的特点及其战略地位，在简要介绍国际上与生态经济研究相关的主要研究计划、国际上主要的相关研究机构的基础上，总结了生态经济理论方面研究的发展态势，并展望了生态经济学未来的研究趋势。然后系统地阐述了生态经济领域重要的国际进展及国家发展对本学科领域基础研究的需求，接着重点阐述了本学科领域的重大科学问题。最后在简要总结生态经济学在我国的研究现状和存在的问题，重点阐述了未来5~10年生态经济领域的发展战略。

1　国际相关学科发展态势分析

1.1　生态经济学学科简介

生态经济学是一门从最广泛的角度阐述经济系统和生态系统之间关系的新兴交叉学科[1]。自1989年国际上成立国际生态经济学会，并出版《Ecological Economics》杂志至今，生态经济学取得了迅速的发展，对理解和解决目前人类面临的全球或区域尺度的环境问题做出了巨大的贡献。环境系统是一个复杂的适应性等级系统，环境问题是21世纪面临的一个复杂硬科学问题，需要多学科的交叉集成研究来解决，生态经济学刚好提供了这样一个跨学科交流的平台，鼓励不同的学科，从不同的视角，运用不同的手段来解决面临的复杂环境问题。

在处理人类社会经济系统与生态系统的关系时，生态经济学首先有正确的定位：其核心观点将人类社会系统视为生态系统的子系统，将人类社会经济系统视为局部而非整体，就很容易发现存在经济增长是否经济的问题，因为经济扩张不可避免地挤占最重要的自然空间或功能，即存在经济扩张的机会成本；其次有扩展的视野：认识到对经济系统而言，来自于自然环境系统的熵流是最基本的，而不是孤立经济系统内部本身的交换价值流，并据此提出了稳态经济的思想，即生态系统维持和补充经济系统的吞吐量必须是可持续的。重视熵流还是重视交换价值流是目前生态经济学与传统经济学之间最本质的区别；最后是正确的问题：人类社会发展需要面对的3个问题：①规模问题，要求将全社会的吞吐量限制在生态系统的吸纳能力范围内，即人类社会的发展必须处在地球的承载力范围内；②分配问题，要求社会限制市场的不公平性范围，保证不同个体间（代内和代际间）资源的公平分配；③配置问题，要求经济增长，最高效率地利用自然环境中的物质和能源，并尽量减少向环境中排放废弃物。效益也不是指从资源分配中创造市场价值的多少，而是能否以最少数量的资源来满足人类的需求。这 3 个问题的解决有一定的先后顺序，首先是规模问题，然后是分配问题，最后才是配置问题[2]。

1.2　生态经济学科领域的战略地位

在环境问题日益严重的今天，生态经济学的研究不能保证为所研究的问题的提供解决答案，但至少它提出了正确的问题。除此之外，生态经济学的研究还有助于发展模式的选择，有助于促进个人的自我完善。

1.2.1　发展模式的选择

布朗在 2005 年 2 月发布的《Eco - Economy Update》中分析了中国的消费增长对环境造成的巨大的影响，并指出以化石燃料为基础、汽车为中心的经济模式并不能在中国继续发挥作用，原因是没有足够多的资源[3]。面对的环境压力迫使我们必须改变自己的发展模式。

除了环境压力和收入分配公平性问题外，改革开发给我国人民带来的社会压力也不容忽视。主要有公民心理压力过大，社会焦虑程度较高，恐惧、郁闷、无安全感成为一种较普遍的社会心态。增加的社会压力一方面说明我们的发展模式有昂贵的社会代价，同时说明我们的发展模式以人为本不够，因而必须改变，否则会导致迷失发展方向[4]。

落实中央提出的"坚持以人为本，实现全面、协调、可持续发展"的科学发展观，实现建设"社会主义和谐社会"的战略目标，国家和区域的发展模式与方式都需要有所改变。生态经济学研究生态系统和经济系统间复杂的相互作用关系，显然可以为发展模式的选择提供理论依据。

1.2.2　促进个人的自我完善

生态经济学的研究和学习，可以促进个人的自我完善。

生态经济学对目标和手段的区分，可以使我们明白生活的意义和生活所利用的最根本手段。低熵的物质和能源是根本的手段，而人类社会发展的最终目标是提高国民的生活质量或幸福生活程度。

生态经济学指出的 3 个问题，有助于完善我们解决实际问题的思考方式。很多生态经济问题涉及事情质量的变化，单靠机械推理是解决不了的。生态经济学 3 个问题的给出是机械推理和辩证思维相结合的结果[5]。所谓辩证思维，就是从系统的角度，从对立面或其他角度思考问题。对此，很重要的是需要培养了我们天性中的情感成分，加强意识形态方面的教育，才能提高辩证思维的能力。那些不能澄清我们心中信仰的教育只能是技术训练[6]。

对生态经济系统间科学规律的认知和探索，可以使我们成为不单是有利于社会的人，而且能够使我们成为有利于地球的人。

1.3 本学科领域的国际发展态势

1.3.1 国际上生态经济研究相关的主要研究计划

从科学的角度来看,全球环境问题的产生是地球大气圈、水圈、生物圈、岩石圈与人类活动相互作用的结果。人文因素作用分析是国际地圈生物圈计划(IGBP)和国际全球环境变化人文因素计划(IHDP)支持的关键前沿领域之一。由于全球环境变化中人文因素的贡献率越来越大,人文因素的作用越来越受到重视,国际上相关研究计划越来越多。有集成人在地球上的历史和未来计划(IHOPE)[7],IHDP 的全球环境变化与城市化计划(Urbanization),全球环境变化的制度因素计划(IDGEC),以及在已完成的土地利用和覆盖变化计划(LUCC)基础上,IHDP 和 IGBP 继续联合发起的全球土地计划(GLP)等[8]。

IHOPE 计划主要从整体性的视角研究人类与自然界中其余部分之间的相互作用关系,其根本目标是在几千年(直到 1 万年前)、几百年(直到 1000 年前)和几十年(直到 100 年前)的时间尺度上研究人与环境的相互作用关系,并预测人类与环境系统未来的发展方向,这一计划有助于更好地从过去认识未来[7]。

城市化既是一种社会现象,也是一种景观的自然转变,是发生在地球上,最强大的、不可逆的但可见的人类活动之一。全球环境变化与城市化计划的目的是在局地、区域和全球尺度上,增进对全球环境变化与城市化之间的相互作用和反馈关系的认识。关注的焦点有 4 个:①促进全球环境变化的城市进程;②全球环境变化影响城市系统的路径;③城市系统内的相互作用和响应;④城市系统内的相互作用对全球环境变化的影响[8]。

全球环境变化的制度因素计划探讨的是与政策制定紧密相关的人文因素问题。制度代表着一种驱动力,它既可以引起环境变化,也可以提升我们对环境变化的响应能力。通过有效地管理和修改制度,使其有助于实现可持续发展的环境、经济和社会目标,是当前社会面临的一个最重要的挑战。IDGEC 计划的核心是分析人—环境关系演化中的决定因子社会制度所起的作用,其主要研究焦点有 3 个:制度在引起和面对全球环境变化中扮演什么角色?为什么有些制度对全球环境变化的响应比其他制度更成功?设计制度应对环境变化的前景是什么?[8]

全球土地计划的目标是测量、模拟和理解耦合的人—环境系统(称为土地系统)。其具体目标为:①识别陆地上人—环境系统变化的动因、结构和性质,量化他们对耦合系统的影响;②评估生态系统服务供给如何受到目标①中提到变化的影响;③鉴别在相互作用的扰动(包括气候变化)下,脆弱但可持续的人—环境系统的特征和动态。主要的研究焦点为:①土地系统变化的动态;②土地系统变化的后果;③土地可持续性的集成分析和模拟[8]。

1.3.2 国际上生态经济研究相关的主要研究机构

(1)国际生态经济学会

国际生态经济学会(the international society for ecological economics,ISEE)成立于

1989 年，是一个非盈利性的、由其成员管理的组织，其主要目标是增进对生态、社会和经济系统之间关系的理解，以提升人类的福利。ISEE 倡导以跨学科的方法来解决实际问题，通过促进经济学家和生态学家之间的理解，将他们的思想集成至一门跨专业的学科，以期达到一个可持续的世界。ISEE 在创立之初就创办了《Ecological economics》杂志，并组织世界上相关领域的优秀科学家出版了生态经济研究的问题丛书和生态经济研究进展丛书，至今已经出版 21 本，涉及内容非常广泛；同时发起和参与了许多科学会议，如学会的年会和生态峰会，这促进了 ISEE 会员相互之间，以及与相关科研人员之间的交流，扩大了生态经济学家的影响。

(2)冈德生态经济研究所(Gund Institute for Ecological Economics)

冈德生态经济研究所主要是通过集体的行动创造新的理念、验证既有的理论，并将他们中最好的应用于现实世界的实践之中。其研究主要集中在以下领域：将科学引入经济决策之中；生态系统的内在价值及其提供的服务；经济设计和集成的社区参与；开发精确的指标测量系统健康与可持续性；集成的生态经济模拟模型。当前的研究计划包括对不同生态系统的自然服务估值、分析人类活动影响下的流域、热带生态系统、开发基于网络的数据集、创造合作建模的环境。此外，冈德生态经济研究所还计划发行两个极为重要的文件：《可持续、美好的美国构想》和《地球股东报告》，以促使我们的愿景转变成可执行的行动纲要，使我们的未来迈进在可持续的道路上。

冈德生态经济研究所是当前生态经济研究的主要流派之一，其研究是从系统生态学的角度出发，强调从整体性的角度研究生态经济系统中的环境问题，模拟模型的开发和生态系统服务价值的评估是冈德生态经济研究所的主要方向。

(3)贝尔生态经济研究所(Beijer institute of ecological economics)

贝尔生态经济研究所是瑞士皇家科学院主办的一个国际性的研究机构，资金的主要来源是 Kjell and Marta Beijer 基金。主要目标是开展研究和促进科学家、大学院系、研究院所之间的协作，从而更深入地理解生态系统与社会、经济发展之间的关系。贝尔生态经济研究所的研究重点主要是公共物品的规划与管理。具体包括：将社会－生态系统的方法应用在可持续的城市规划中；生态系统的估值、适应性和可持续性的研究；自然资源的共享和管理；领导体系与公共物品的管理以及 HIV/AIDS 对地区自然资源管理的影响。

贝尔生态经济研究所也是当前生态经济研究的主要流派之一，其研究是从经济学的角度出发，强调采用经济手段解决环境问题。

(4)中国生态经济学会

1980 年在著名经济学家许涤新的倡导下，以中国社科院经济研究所为主成立了中国生态经济学会。中国生态经济学会现在已经发展成为包括云南、河北等 11 个省级学会，理论与发展、林业生态经济、生态恢复等 11 个专业委员会，会员人数超过 3000 人的大学会。在学会成立之初，主要开展了生态与经济协调的理论探讨，明确了生态经济学包含“生态经济系统”、“生态经济平衡”和“生态经济效益”3 个基本理论范畴，并提出了指导生态经济实践的理论和原则[9]。具体的生态经济研究是以定性为主，从系统的角度，围绕平衡和效益的关系展开。由于计算机、网络技术的发展，现在国内的生态经济研究也围绕着国际前沿开展了很多工作。但整体来看，无论是生态经济的理论还是实践，都与国际前沿存在较大的差距。

1.3.3　生态经济理论方面研究的发展态势

作为一门主要处理自然因素和人文因素相互之间作用关系的学科，生态经济的处理办法主要有从确定性动态系统和复杂性角度出发两种途径。在确定性动态系统的背景下，处理生态系统和经济系统之间的关系采用的方法是将自然因素和人文因素纳入统一的分析框架中进行分析。由于自然因素主要是根据分析对象的时空尺度定义的，人文因素一般是根据分析对象的分析尺度（功能属性）定义的，因此主要有时空尺度和分析尺度两种统一的框架[10]。从当前的研究情况来看，生态经济的理论探索大多是在分析尺度上取得的，时空尺度上的模拟模型研究大多是实证性的，而非理论性的。因此，接下来主要是从分析尺度上探讨对生态经济理论研究思考范式的理解，同时也从复杂性科学的角度探讨了生态经济研究中取得的成果及其发展趋势。

(1)确定性动态系统中的分析尺度

人文科学理论的探索分为3个步骤：①辨析结构性成分（要素）；②辨析结构性成分之间的关系；③在参照系中检验结构性成分之间的关系。同时注意到人文科学理论和方法的演变规律为：旧理论和旧方法是新理论和新方法的一种特殊情形[11]。徐中民等认为，人文因素的识别及人文科学理论和方法的探索一般需要从已有的理论框架出发，采用简化的方法，从简单到复杂，深入展开[12]。下面介绍的生态经济理论探索同样符合这一规律。

Georgescu－Roegen（1906～1994）是第一位从热力学角度探讨经济活动和自然环境之间相互作用的经济学家，他的生物经济学思想是在原有经济系统这一结构性成分的基础上，引入了生态系统这一新的结构性成分[13]。Herman Daly的生态经济学是更新了以前经济系统和生态系统这两个大的结构性成分之间的平行关系；作为Georgescu－Roegen的学生，Herman Daly继承和发展了Georgescu－Roegen的学术思想。他从热力学的角度出发，将经济系统视为生态系统的一个子系统，将以前经济系统和生态系统之间的平行关系更新为隶属关系，重视熵流的分析。并系统地归纳总结了生态经济学与传统经济学的区别，并从宏观的角度提出了人类社会发展所面临的规模、分配和配置问题[2]。人文生态经济学的研究主要是在经济系统和生态系统这两大结构性子成分的基础上，新增考虑人这一结构性子成分。在人文生态经济学中，哲学、心理学、社会和宗教研究中定义的意识形态和存在方式被视为人的重要结构性子成分，而在生态学、经济学和生态经济学中都没有对此给予足够的重视。在Roy Allen构造的人文生态经济学的研究框架中，提出了4个最基本的结构性成分（信仰、社会协议、自然环境和资源、人口），认为其他一些新现象（如制度、组织、公司、经济系统等）都可由这4个基本的结构性成分相互作用演化而来。传统经济学通常忽略信仰系统、社会协议、制度变化、自然环境和资源整体的重要性，相比来说，人文生态经济学可以更综合全面地识别和解释经济过程[14]。

当然探索新的结构性成分、建立结构性成分之间的关系并不是一件简单的事情，因为对结构性成分的认识也需遵循理论和方法探索同样的思考范式，各结构性成分本身就包含很多结构性子成分，也存在剩余性范畴。揭示任何新的结构性成分及其原有结构性成分之间的关系，都需要对原有结构性成分及其相互作用关系有深刻的理解，需要对新的结构性成分有深刻的洞悉能力。

在生态经济研究过程中不断出现的新的研究领域也大多符合上面的理论演化规律，大多是从颠倒结构性成分之间的关系思考衍生出来的:①承载力与生态足迹。承载力计算地球能养活多少人，而生态足迹是计算地球的人需要多少土地面积来维持消费。②CO_2减排与气候变化影响的脆弱性和适应性，在面对全球变暖、CO_2减排困难重重的背景下，转而研究人类社会对气候变化的适应性，适应性的研究当然又要以脆弱性的评价为前提条件。③传统的环境保护措施与生态补偿。传统的环境保护措施(如环境税)强调减少环境的负外部性，而生态补偿强调增加环境的正的外部性。④命令控制型水管理与集成的水管理。命令控制型水管理方式是一种自上而下的水资源管理方式，集成的水资源管理强调公众的参与，是一种自下而上的水资源管理方式。如前所述，贝尔生态经济研究所和冈德生态经济研究所研究方法的差异主要也是因为采取的研究视角不同。许多重大的科学突破也都受益于此。发现经常是偶然的，是在意想不到的情况下发生的。库恩在讨论科学演化过程中的范式转移时，强调范式的转移很大程度上是科学家从不同的角度，或者以不同的方式观察、研究同一对象的结果。由此可见，在生态经济的理论探索中，转换思考方式非常重要。

(2)复杂性视角

生态经济系统背景中环境问题，其子系统的种类很多并且关联复杂，因而环境问题不可避免地需要纳入复杂性科学的领域思考，复杂性理论是生态经济研究中不可回避的一个领域。

生态经济系统是复杂的适应性等级系统，复杂的适应性等级系统的基本特征是复杂性、适应性和等级制。由于评论复杂性时存在主观和演绎因素，同时描述复杂性的结构特征和行为特征的方法太多，使复杂性本身成了一个难以捉摸的概念。这需要研究人员探询测量复杂适应性等级系统更有效的、更综合的方法。适应性和等级制是复杂适应性等级系统两个有内在联系的特征。适应性作为对环境激励的反应，其中隐含着目标的概念，在生物体水平上，这个目标通常指达尔文的生存和繁殖。由于人们对生物信息的传导机制并不像生物体中遗传物质的传递那样清楚。因此，在复杂适应性等级系统中考虑复杂性需要扩展原有的适应性概念。热力学原理是所有科学原理中唯一考虑时间方向的原理，适应性概念的扩展通常参考热力学原理。扩展适应性概念的第一步是建立理论健全、适用的指标体系。目前，来自不同历史背景，以各种各样形式表现的指标，如信息可放能、能量可放能、能值、能值功率、转换效率、耗散、降解、信息熵、物质熵、循环等指标，已被用来描述复杂适应性等级层次系统的空间、时间和组织复杂性。针对组织的复杂性，可放能已用于研究测量基因组和生物体的复杂性，用来作为系统演化的定向度量。可放能与信息之间的关系也得到了广泛的探讨，能值、能值流、可放能、可放能通量之间的比值已用来表征系统能量的利用效率，表征系统将可放能转化成组织和结构时的效率，并被用于流域的组织和管理中[15]。

复杂系统向前演化时，它向那个方向发展？是否存在一个能解释、模拟甚至预测这个方向的总模式或组织原则？目前的研究主要集中在利用热力学原理来描述生态系统中的定向度量指标，如最大动力、最大储存量、最大能值流和能值、最大上升性、最大可放能降解、最大循环、保留时间、最小耗散量、最小能值流和可放能比值等[15]。目前大部分研究人员都认为这些定向度量指标是相互统一和相互补充的。不管使用何种定向度量指标，可以肯定的是，这些不同的指标都反映了稍微不同的系统功能。针对生态经济系统，是否可以提供一个集成的目标函数(定向度量指标)，以此为基础来验证和应用生态经济系统的演化发展理论[16]?

为理解复杂适应性等级系统的结构、过程和动力学状态，分解是必要的，传统科学方法十分有效地实现了这一点。同样，为理解复杂适应性等级系统的整体性，集成也是必须的。模型是一种将理论、经验知识和科学的严谨性集成在一起的有效方法。当把人类社会考虑进来时候，面临的挑战是以一种最优的方式将模型与建模过程集成到参与式评价的研究中。问题可以细分为3类:①怎样才能以一致的方式评价复杂适应性系统的复杂性;②针对人类社会、经济和政治系统与环境之间的相互作用，怎样通过交互式的方式达成一种可持续的平衡;③怎样处理在无数时空水平上都存在相互作用的动态过程。

(3)生态经济的研究趋势展望

从前面介绍的生态经济理论演化的规律可知，生态经济的研究非常强调视角的变化。生态经济主要处理人类社会系统与自然界中其余部分❶之间的相互关系，简单变换相互作用的方向，就可以得到生态经济研究的前2个主题。同时考虑各要素内部相互作用形成的结构和功能关系，以及它们对其他要素变化的响应，就可得到研究的主题3和4。最后在时空尺度上扩展，就引入了动态的关系分析，将主题延伸到系统演化这个复杂性领域中(主题5)。

生态经济学研究的主题有:

主题1:人类社会系统的演化如何影响环境;

主题2:环境系统的变化如何影响人类社会系统发展的路径;

主题3:环境系统内的相互作用和对人类社会系统变化的响应;

主题4:人类社会系统内的相互作用和对环境系统变化的响应;

主题5:整体性视角下人—环境系统的演化。

整体来看，生态经济学研究的特点就是强调整体性视角，并重视人的作用。

1.3.4 生态经济领域研究的重要国际进展

自生态经济学开创以来，在人类活动的环境影响评价、生态系统服务的价值评估，集成的评价、模拟和管理、生态经济系统演化规律的模拟等方面取得了长足的进展。由于生态经济跨学科交叉的性质，很多重大进展都是借鉴其他相关学科的研究方法取得的，或者是转换了研究视角(颠倒了结构性成分之间的关系)取得的。

(1)人类活动对环境的影响评价

在人类活动对环境的影响评价方面，主要以生物物理量、能量为纽带来评价人类活动对环境的影响，这两方面都取得了长足的进展。

Wackernagel 和 Rees 提出的生态足迹指标是其中最有影响的研究成果之一，由于融

❶文中有时使用自然界中的其余部分来表征自然环境，是为了突出人类社会系统是自然环境的子系统。

入贸易考虑了跨边界的环境影响,能真实反映消费者对环境的影响[17]。至今,在 Elsevier 出版的期刊上检索到与生态足迹有关的文章高达 3628 篇。1999 ~ 2009 年,国内发表的以生态足迹为关键词的文章数也已高达 1240 篇(清华全文期刊数据库,CNKI),发文单位遍布大陆 31 个省市区,国内地理专业和生态学专业的研究几乎都掌握了生态足迹的计算方法。这些研究澄清了生态足迹指标的内涵,明确了生态足迹是测算人类活动对环境影响程度的一个评价指标;改善了原有框架中一些不完善的地方;应用研究的领域也从原来的环境领域,扩充到了土地利用、水产业、温室气体、国际贸易、废弃物处理、城市发展、经济和能源等领域;另外,社会发展方面的指标也纳入生态足迹现有的分析框架。与生态足迹非常类似的是水足迹的研究,荷兰 Hoekstra 教授在 2002 年国际虚拟水贸易专家会议上提出了水足迹的概念,处理的主要是人类消费和水资源利用之间的关系。目前水足迹的研究主要集中在如何定量地评价国家或区域的水足迹,以及水足迹在绿水、蓝水和灰水(稀释污水所需的水资源)之间的分配上。对理解可持续性而言,生态足迹和水足迹是一种互补的指标,应与其他测量人类活动对自然资本占用情况的方法(如生命周期分析、新陈代谢和物质流分析等方法)一起,在一个统一的框架中探讨可持续性问题[18]。

能量也是人与自然界中其余部分交换的主要介质之一。自 Odum 20 世纪 90 年代中期提出能值的分析方法以来[19],能值分析方法在各个时空尺度(大到国家、流域,小到城市、乡村、企业),各种生态经济系统类型(社会经济系统,城市、工业系统,农业生态系统等)中都得到了广泛的应用。至今,在 Elsevier 出版的期刊上检索到与能值有关的文章高达 1460 篇。1999 ~ 2009 年,国内发表的以能值为关键词的文章数也已高达 403 篇(清华全文期刊数据库,CNKI),发文单位遍布大陆 31 个省(市、区),国内地理专业和生态学专业的研究生几乎都掌握了能值的计算方法。但能值分析方法仍然存在一定的缺陷,它未能从根本上解决方法体系中核心的能值转换率的确定问题,其转换率的确定受人为影响较大,没有考虑到环境的影响因素。针对这些问题,可放能分析方法则从机制上解释了能量品质差异的原因。目前可放能分析在环境和可持续发展领域,在生态系统、产业系统、政策开发和教育系统、可更新能源系统等领域中已得到广泛的应用[20]。

(2)环境物品的价值评估

由于绝大部分环境物品或生态系统服务都具有公共品的性质,缺乏有效的市场定价机制,研究人员开发了很多的非市场价值评估技术,主要分为揭示偏好技术和申明偏好技术。揭示偏好技术国内由于引进比较早,理论和实践应用都比较成熟。相比来说,申明偏好技术国际上和国内的差别比较大。至今,在 Elsevier 出版的期刊上检索到与条件估值有关的文章高达 7440 篇,但 1999 ~ 2009 年,国内发表的以条件估值为关键词的文章数只有 15 篇(清华全文期刊数据库,CNKI)。发文数量的差别无疑说明了这是一个急需发展的方向。

生态系统服务的价值评估是当前国际研究的一个热点。其中标志性的成果是 Costanza 等在 Nature 上发表的文章《世界生态系统服务与自然资本的价值》[21]和国际合作项目"千年生态系统评估"的开展[22]。目前,Costanza 等的文章已经被 SCI 源刊引用超过 1600 次,而千年生态系统评估项目总共有 95 个国家的 1360 名科学家参与了工作,是首次在全球范围内对生态系统及其对人类福利的影响进行的多尺度综合评价。国内以中国科学院地理与资源研究所和中国科学院生态环境研究中心的研究人员为主,带动和推进了我国生态系统服务价值评估工作的开展。1999～2009年,国内发表的以生态系统服务价值评估为关键词的文章数已有310篇,但研究方法主要是参考Costanza等在Nature文章中对生态系统服务分类方案和确定的单位面积生态价值开展的工作,有少许研究涉及了如何在时空尺度上精细化生态服务价值的评估。

将环境损失和生态系统服务价值评估的结果纳入国民经济核算体系的框架,建立环境经济核算账户体系是将环境纳入经济决策过程的主要途径之一[23]。目前,联合国等国际组织先后颁布了3个关于环境经济核算体系的出版物,对环境经济综合核算账户的理论框架、实施步骤及其在环境政策中的意义等进行了系统全面的阐述。美国、日本、墨西哥、印度等国分别建立了自己的环境经济账户,欧盟结合在挪威和芬兰开展的研究,制定出基于SEEA框架的环境经济综合核算欧盟统一模式——包含环境核算的国民经济核算矩阵(NAMEA),该模式被欧盟成员国普遍采用。国内在这方面的研究工作起步比较晚,研究基础比较薄弱,表现为追踪国际研究的发展趋势。国内的应用以北京大学光华管理学院为代表,进行了资源经济综合核算的研究,在理论和应用上取得了一些研究成果,研究建立了我国国家尺度上的环境经济综合核算框架。另外,中国科学院寒区旱区环境与工程研究所开展了区域尺度上的环境经济核算工作。总的来看,国内在这方面的研究正处于建立相关概念,促进发展和完善相关理论与方法,积累对行业、部门与区域核算的实例研究阶段,其政策含义明确,但离实用化操作应用尚有很大的距离。

(3)人类福利的评价

考虑到GDP作为人类福利衡量的指标存在许多问题,如没有考虑发展的环境成本、社会成本、收入的分配等。自20世纪中叶始,针对这些缺陷,研究人员先后开发了经济福利指标、可持续经济福利等测量指标来评价人类福利,但这些指标采用的基本假设是消费能带来更大的福利。美国的资产评估公司Calvert公司从系统角度开发的著名Calvert－Henderson生活质量指数也是如此。考虑到人类需求的多层次性,越来越多的人认识到反映人类福利的客观指标(如消费)与人类福利的主观测量值(生活质量、幸福等)之间并没有直接的联系[24]。更多的研究视点开始转向直接测量人类福利,如Max-Neef提出基于人类需求矩阵对人类需求的评价(HNA),分离了消费(手段)和福利(目的),以直接评估人类基本需求满足程度作为人类福利的测量指标[25]。从20世纪70年代以来,不丹国王坚持以实现幸福为政策目标,并创造性地提出了由政府善治、经济增长、文化发展和环境保护四级组成的"国民幸福总值"(GNH)指标。这引起了全球关于幸福的研究热潮。当前针对幸福的研究,国际上创办专门的杂志(Journal of Hapiness)来讨论幸福的问题,Erasmus大学的Ruut Veenhoven教授专门建立了世界幸福研究的数据库❶来支持相关研究人员的研究。目前关于幸福最重要的研究成果是美国南加州大学Easterlin教授的幸福悖论,即人们感觉到的幸福生活程度没有随人们收入的增长而增长,而是维持在一定的水平上几乎不变。研究人员也认识到自然资本存量产生的生态系统服务也与人类福利之间存在一定的联系。当前国际上的全球土地计划就明确倡导研究生态系统服务与人类福利

---

❶ 网址:http://www.eur.nl/fsw/research/happiness

之间的关系。另外,财富分配的公平程度、环境影响的公平性等与人类福利之间的关系也是研究的一个重要方向。

(4)生态补偿

生态补偿,国际上通称是生态系统服务付费,是一种将外部的,非市场环境价值转化为真实的财务激励措施的一种方式,以此鼓励参与者提供更多的生态系统服务。目前,生态补偿的研究已引起社会各界的广泛重视,在美国、法国、墨西哥、哥斯达黎加等国得到了应用,研究案例已经超过200多例。

从生态系统服务的种类出发,当前国际PES的研究主要集中在以下4个领域上:流域水资源、碳汇、生物多样性以及景观。研究的主要内容包括:①确定生态系统服务供给数量。实践中由于测量生态系统服务的数量存在困难,目前国际上大多数PES项目都是采用土地利用变化来替代,即简单地认为恰当的土地利用可以产生期望的服务,也有项目采用模拟模型来模拟生态系统服务的产生过程。②生态补偿对象选择。这包括两方面:确定生态系统服务的供给者(潜在补偿对象)以及从潜在补偿对象中确定最终的补偿对象,当前的做法主要是基于成本有效的原理,结合自然模型以效益成本法为准则确定补偿对象。③生态补偿标准的确定。补偿标准是生态补偿的核心问题之一。目前确定补偿标准有2种思路:一是基于生态系统服务估值,另一种是基于生态系统服务的供给成本。在实践中研究者通常采用基于成本的方法。实践中为了反映成本的异质性,研究者开发了一些自然经济模型(如最小数据法),通过结合机会成本推导生态系统服务的供给曲线确定补偿标准。④生态补偿与缓解贫困之间的关系。由于生态补偿通常在经济相对落后的地区进行,作为公平的重要方面,缓解贫困成为生态补偿研究的重要内容,在很多情况下缓解贫困也是生态补偿的重要目标之一[26]。

(5)集成模拟模型

在全球尺度上,研究人员采用集成的全球模型来理解人类-环境系统之间复杂的相互作用关系。20世纪70年代的World2和World3模型被认为是集成全球模型的起点。至今已开发了两个版本的评价温室气体效应的集成模型(Integrated Model to Assess the Greenhouse Effect,简称为IMAGE),IMAGE系列是第一个把经济合作与发展组织的驱动力—压力—状态—响应方法应用到全球模型中的模型,其缺陷是对社会系统考虑不够;针对地区和全球环境与健康的评估工具(Tool to Assess Regional and Global Environment and health Targets for Sustainability,简称TARGETS),TARGETS集成了自然系统和社会系统,强调从文化的角度理解和解决人与自然环境之间作用;全球统一的生物圈巨模型(The Global Unified Metamodel of the Biosphere,GUMBO),GUMBO是第一个在动态地球系统内包括了人类技术、经济生产和福利以及生态系统和服务之间的动态反馈作用[7]。

集成的全球模型在全球尺度上定量地解释人地系统的相互作用,但是模型的空间尺度太大,不能在过程上较好地理解人地系统相互作用的机制。为了在更小的尺度上开展针对复杂系统的研究,一些新的模型开始得到应用和发展。元胞自动机是一种时间、空间状态都离散的网络动力学模型,它可以用一些简单的局部规则产生复杂的系统。自提出至今,元胞自动机模型在城市增长、扩散和土地利用变化的模拟方面得到了广泛的应用。

由于城市系统的复杂性和异质性,为更好地模拟城市空间变化,元胞自动机模型的转换规则越来越复杂。转换规则的确定已经引入了遗传算法、贝叶斯经验概率分析方法、回归分析和判别分析技术。大量的实例研究表明,元胞自动机模型的局限性也很明显:①元胞系统的自组织行为主要是系统元素局部相互作用的结果,对外部影响因素的考虑较少;②没有考虑人的主观决策行为。

代理人基础的模型将人的主观决策行为纳入了模型中,代理人之间的相互作用能够在系统宏观尺度上涌现新的结构和功能,局部的规则转换可以导致系统宏观全局的变化。自提出以来,代理人的模型逐步受到研究者的广泛重视,在土地利用/土地覆盖变化,自然资源管理的研究中得到了广泛的应用。尽管代理人基础的模型注重对系统中微观主体行为的模拟,但“理性”经济人决策的处理方式使得模型结果远离了实际状况,现实中代理人有时是非理性的、基于复杂心理作出的主观选择,有很多因素很难定量化,也很难校准和验证;另外,代理人基础的模型是从个体的角度而不是整体的角度来考察系统行为,由于整体的行为并不简单地等于个体行为的加和,显然这里存在个体到整体的尺度转换问题[27]。

20 世纪 90 年代,国外研究者对集成生态经济系统模拟的研究上升到了一个更高的层次,开发出了很多空间显式的生态经济模拟模型。其建模核心思想是,把研究区域划分成栅格,利用系统动力学软件(如 Stella 等)建立单个栅格上的单元过程模拟模型,然后通过空间建模环境(spatial modelling environment,简称 SME)实现单元模型在栅格上的复制。最终在 SME 中利用用户编写的代码程序实现栅格之间单元模型的相互作用,从而实现单元模型向空间模型的转换。在空间显式的集成模型中,具有开创性的是马里兰州 Patuxent 流域的景观生态模型和佛罗里达州 Everglades 的景观生态模型[28]。

另外,国外研究人员已经在 IHOPE 计划的资助下,在千年、百年和十年时间尺度上开展了生态经济系统演化规律的模拟。

2　国家发展对本学科领域基础研究的需求分析

2.1　经济社会发展对本学科领域研究的需求

2.1.1　生态文明建设的要求

文明是人类文化发展的成果,是人类改造世界的物质和精神成果的总和,是人类社会进步的标志。历史上几个社会(如复活节岛、马雅人和维京人)的衰落,不仅与其社会经济政治状况有关,主要是因为其环境恶化了,当地可利用的资源枯竭了。戴蒙德在《崩溃:社会如何选择成败兴亡》一书中总结了一个社会崩溃的 5 点原因:①生态破坏;②气候变更;③强邻在侧;④友邦援助减少;⑤社会如何回应生态环境[29]。这 5 点原因中有两点涉及生态问题。人类社会发展到今天,生态约束的日益明显凸显出生态文明建设的重要性。进入 21 世纪,中国面临的环境问题日益突出,说明我国需要转变发展模式,在生态可持续的范围寻求发展。生态文明的建设,简言之就是在生态的约束内,人们的物质和精神生活能得到的最大程度的满足。显然除了生态的约束,还需要处理物质生产和精神满足之间的关系。针对中国目前的环境和社会现实,这些内容都是生态经济学研究的核心内容。

2.1.2　主体功能区划

国家"十一五"规划纲要中首次提出推进形成主体功能区,按照区域的主体功能定位来调整完善分类政策和绩效评价,规范空间开发秩序,形成合理的空间开发结构。主体功能区划是一项开拓性工作,国际上没有现成的理论和方法体系照搬,也不同于国内已有的各种区划和规划。开展我国主体功能区划分及其分类政策制定工作,需要弄清自然资本在主体功能区中的作用,需要量化人类活动在主体功能区中的作用,这些都是生态经济学的研究内容。

2.1.3　生态补偿

生态补偿机制的确定主要有两点:首先要求理解自然过程,这需要理解生态系统的结构和功能与生态系统服务之间的关系,其次是如何依靠市场机制来促进参与者提供生态系统服务。二者都属于生态经济学的研究范畴。

2.1.4　应对气候变化,研究低碳经济与气候变化影响的脆弱性和适应性

在全球日益变暖的今天,向低碳经济转型是世界经济发展的大趋势。中国作为发展中大国,人们日益增长的物质和文化需求驱动着当前中国能源的消费和温室气体的排放。在共同但有区别的原则下,把气候政策与国家或地区发展目标结合起来,走低碳经济的发展道路,是中国应对气候变化的必然选择。低碳经济的本质是提高能源效率和清洁能源结构问题,核心是能源的技术创新和政策创新。能源问题的处理不可避免地要影响生态环境和社会就业。因此,低碳经济不仅是一种经济愿景,而且是一种社会和生态愿景。低碳经济的发展模式、运行机制等问题都是需要生态经济学研究解决的问题。

另外,在全球气候变暖,而温室气体减排困难重重的情况下,需要转而研究气候变化影响的脆弱性,并找寻适应性的对策措施,这也是生态经济学需要研究解决的问题。

2.2　本学科领域的重大科学问题

2.2.1　关键人文因素的定量评价

人文因素数据大多是定性数据而且不够充分,如何定量评价是建立概念模型、分析其演化规律,建立模拟模型分析其作用的基础。因此,为弥补人文数据的不充分,从遥感信息中是否可以及如何提取人文因素的信息是需要解决的关键科学问题。同时,人文因素与自然因素的作用关系是一种网状的作用关系,如何从中诊断人文因素的影响路径和影响机制也是需要解决的关键科学问题。

2.2.2　集成模拟

人文因素数据通常缺乏空间属性而难以空间化，同时与自然因素数据的时间尺度也存在显著差异，在集成模拟模型中，如何在时空尺度上耦合人文因素数据与自然因素数据，这是需要解决的一个关键科学问题。模型的分辨率与可预测性之间存在怎样的关系，也是需要辨明的一个问题。

2.2.3　复杂性问题

生态经济系统的复杂性表现出来的结构特征怎样，主导系统复杂性的主要要素是哪些，需要发展一种与复杂系统中那些易变要素的观测结果相一致的解释框架，并建立指标体系来评价系统的复杂性。由于系统的复杂性具有主观和客观因素，目前对复杂适应性等级系统的认识缺乏系统一致的观点和看法，因而需要开发复杂适应性等级系统理论。

2.2.4　尺度问题

生态经济系统的动态演化跨越多重自然尺度和社会尺度，而且不同尺度上的动态过程之间还存在很多的联系。社会尺度的引入使得解决尺度转换问题更加困难。在考虑超过区域范围或全球的动态过程时，尺度问题的重要性就更加突出。开发识别不同尺度上相互作用关系的方法，是有效处理人类环境系统不可避免的一大挑战。

2.2.5　自然资本的价值

由自然资本提供的低熵流是人类社会发展的最根本手段和途径，但是否存在同古典经济学的“劳动价值论”相类似的“熵价值论”是一个有争议的问题。因为价值不仅有熵的物理根源，而且也有满足欲望的精神根源。提出“熵的价值论”会让我们只关注供给，而忽视需求。但忽视熵的价值理论也存在重大缺陷。因此，自然资本的内生价值能否评估、怎样评估是需要解决的一个关键问题；同时自然资本存量与提供的生态系统服务之间的精确关系，生态系统结构和功能的变化与生态系统服务的供给之间的关系等都是需要研究的关键问题。

2.2.6　生态经济系统的演化规律

生态经济系统演化规律的认识，除了分析当前短时间尺度上，人与自然界中其余部分相互之间的作用关系外，还需要从全新的、整体性视角去看待彼此。需要在长的时间尺度上探讨人与自然界中其余部分相互之间的作用机制和演化规律，如何利用人类对环境的了解和人类在环境中的行为来观察与创造未来。我们关于过去的历史数据有限，知识也有限，提高我们对当前生态经济系统研究的作用也有限。部分原因是从过去学习经验的方法比较少，而且这些方法通常假设基本过程不随时间变化。事实上，变化的过程本身在变化。这使关于动态过程的一些静态假设难以成立，从而无疑增加了生态经济系统演化模拟的难度。

3　我国在本学科领域的研究现状分析

3.1　发展现状

3.1.1　理论探索

中国生态经济学会成立后，在许涤新、王松霈等一批生态经济学家的带领下，对生态经济学开展了较为全面的探索，形成了生态与经济协调发展的理论、生态经济系统平衡与生态经济效益等基本理论范畴，并将这些理论用于指导实践工作，这以王松霈著的《生态经济学》和云南生态经济学会主办的《生态经济》杂志为代表。这些理论由于以定性描述为主，多少让人感到生态经济学仍然处于生态哲学的层面，一般很难落实到政策操作的层面。从 2001 年起，由诸大健主编，上海复旦大学、上海师范大学、台湾中山大学、日本亚洲太平洋大学等高校的一批著名学者翻译了绿色前沿译丛第一辑和第二辑共 11 本，介绍了国际上关于深绿色环境观念方面的一些前沿理论和思考，如戴利的《超越增长》、艾尔思的《转折点》、霍肯的《商业生态学》等。国际上的一些前沿的生态经济理论开始引入国内。2003 年，中国科学院寒区旱区环境与工程研究所在中国生态经济学会的支持下，创办了《生态经济学报》，至今该杂志紧跟国际前沿，发表了大量的国内研究人员生态经济研究方面高水平的研究成果。国内生态经济学的专著成果不断涌现，如严茂超《生态经济学新论》，徐中民、张志强、程国栋著《生态经济学理论方法与应用》，陶在朴的《生态包袱》，赵桂慎《生态经济学》，唐建荣的《生态经济学》，徐中民的《可持续发展的衡量与水资源承载力》，陈东景的《环境经济核算》，胡宝清、严志强、廖赤眉的《区域生态经济学理论方法与实践》，这些著作紧跟了国际前沿研究趋势，将国际上关于生态经济研究的一些先进技术和方法都引入了国内，如能值、生态足迹、生态系统服务价值估算、生态经济系统规划和管理等，并能结合具体事例开展实证研究。这时国内其他期刊上也登载了许多生态经济方面的研究成果。2005 年，四川理工大学开始出版《生态经济》杂志的英文版，这加速了我国生态经济领域方面研究成果与国际上的交流。2007 年，中国科学院寒区旱区环境与工程研究所生态经济研究小组与黄河水利出版社签订合同，开始出版生态经济文库和生态经济译库，译库至今已经出版了科斯坦萨编著的《理解和解决 21 世纪的环境问题——面向一个集成的硬科学问题》，戴利等的《生态经济学原理与应用》，科斯坦萨等的《景观模拟模型》，联合国经济社会事物部统计署和联合国环境规划署合编的《集成环境经济核算——操作手册》，尤兰维奇的《增长与发展：生态系统现象学》五本著作。同时，因经费问题还印刷了近 10 本译库和文库珍藏本供内部交流。这些著作和文献除了从整体性的视角研究生态经济系统的演化规律、集成模拟模型方面的开发外，几乎已经将当前国际上生态经济研究所有的热点问题都介绍进了国内。

尽管目前还鲜见从复杂系统角度研究生态经济的文献，但关于复杂性，我国学者有自己的研究。钱学森在 20 世纪 80 年代初期就开始倡导复杂性科学的研究，并于 1992 年提出了“综合集成研讨厅”的方法构想,用于分析复杂系统。自此。复杂性研究在中国受到普遍重视,自1997年以来,国内关于复杂性研究的自然科学基金数量呈现快速增加趋势,他们涉及物理、生物、地理、医学、经济、管理和哲学等众多学科。与生态经济研究最接近的是复杂性理论在经济和社会系统中的应用。这其中出现比较多的领域是混沌经济学的研究,以及关于经济管理系统的复杂性度量和证券市场价格波动的研究。在管理的复杂性方面,主要进展是关于综合集成研讨厅的,戴汝为和于景元等“从定性到定量的综合集成法”出发,进一步拓展成“从定性到定量的综合集成研讨厅”体系,主张人机结合,把人心智的高度灵活性和计算机在计算与处理信息的高性能有机结合起来,对综合集成研讨厅的理论、方法及应用进行了系统的研讨[30]。

3.1.2 理论与实践

循环经济的概念自20世纪90年代末开始引入我国。近年来,我国在企业、区域和社会等不同层次上开展了循环经济的理论和实践探索。现在从中国国家图书馆可以检索到书名中包含循环经济词条的中文图书551本,这些著作探讨和解决了循环经济中基本内涵、循环经济的发展模式、循环经济的评价体系等一些基本理论问题。在具体实践方面,环保系统是我国发展循环经济的先行者、推动者。他们从推动工业企业清洁生产开始,向纵深领域发展,从1999年就开始在辽宁省和贵阳市开展了循环经济的社会试点工作,在广西贵港、山东鲁北、内蒙古包头等地进行5个生态工业园的建设试点。在总结经验、提升理论、提高科技含量的基础上,国家环保总局进一步将生态工业理念引入到了苏州、抚顺、烟台等地的各类经济开发区。目前全国有10多个省份在国家环保总局的指导下,制定了发展循环经济、建设生态省的规划,全国有近200个地区和单位被环保总局命名为国家级生态示范区。国家颁布了一系列的发展循环经济的法规,如《中国人民共和国水法》、《节约能源法》等,这些法制法规有效地促进了我国循环经济的发展。目前,我国的循环经济开展得如火如荼。

另外,靠生态经济学相关理论指导的生态补偿、低碳经济、大型生态恢复工程项目的生态经济效益评估等都在我国得到了广泛的应用。下面以生态补偿为例进行说明。2005年以来,国务院先后颁布的《关于落实科学发展观加强环境保护的决定》和《国家“十一五”规划纲要》都明确提出,要尽快建立生态补偿机制。许多地方也在率先试验示范,积极探索相关实践经验,极大促进了国内生态补偿研究。目前国内生态补偿开展的实践工作可以概括为以下几个方面,一是由中央相关部委推动,以国家政策形式实施的生态补偿,如退耕还林(草)、天然林保护工程、森林生态效益补偿基金等;二是地方自主性的探索实践,如密云水库上游流域综合治理与补偿开发等;三是近几年来初步参与的国际生态补偿市场交易,如碳排放交易等。就研究区域而言,国内主要在东南部地区,研究范围包括森林与自然保护区、流域和矿产资源开发的生态补偿等,而又集中在以森林补偿问题为主的单一要素生态补偿。由于国情不同,我国生态补偿研究与其他国家的研究呈现不同的特点。在逻辑上,我国的生态补偿是人类对生态系统补贴和赔偿,而国际上的则是环境服务的受益者对环境服务的改善者付费,其逻辑是在满足付费者个人环境需求的同时实现生态系统改善;在实施理念上,中国采用的是政府、市场力量相结合的环境保护机制,国际上的则主要是依靠市场力量自发调节的环境保护机制。目前研究人员已经开始广泛探讨生态补偿的理论和实践问题。从 2003 年至今，在各类中文期刊上已经发表以生态补偿为关键词的文献有 2237 篇（清华全文期刊数据库，CNKI），广泛探讨生态补偿相关的理论机制和实践问题。

3.2 存在的问题

对比国内外的生态经济方面的研究，并结合我国具体的实践情况，总结我国生态经济研究和实践中存在的问题如下。

3.2.1 方法论需要改进

方法论是生态经济学科建设的关键环节，方法论的特征最能体现学科特征和性质。生态经济学研究中的人文要素数据采集多以社会学手段为主，依靠统计数据和抽样调查来完成。随遥感和地理信息科学手段的不断完善和发展，利用自然科学手段的技术获取人文数据越来越重要，而且在研究实际中得到广泛应用。像元社会化就是当前 IHDP 研究中强调的主要问题之一。由于生态经济学科的落脚点是在区域上，国际上即使从经济学角度出发的生态经济学研究，一开始也是以定量分析为主导，这是与我国人文科学目前从定性描述进入定量分析阶段有明显区别的。

3.2.2 理论研究乏力，实证研究重复

我国的生态经济研究受过去定性分析的影响，理论研究空泛无力。理论研究与我国的客观实际及其需要联系不紧密，基本上是满足于理论体系的建立、范畴的探讨、研究范围的扩张等等，理论指导实践以及为政策提供科技支撑的强烈愿望，仅仅表现在一般性理论推导或呼吁上，极少对区域或部门有关生态经济问题进行深入和细致的实证性分析，提出有针对性和有操作性的建议或对策。尽管现在的研究大多转向了定量分析，但大多只是复制国外的先进方法和理论，在自己的研究区进行简单应用，鲜见理论上的创新成果。以生态足迹的研究为例，国内现在 1000 多篇相关的研究论文绝大多数只是重复 Wackernagel 最初的评价框架，理论方面没有任何自己的思考。

3.2.3 学科交叉浮于表面

目前，西方生态经济学的研究方法与分析工具呈现出多样性，其中大量采用定量分析和模型分析的方法，将环境问题视为一个硬问题，力求通过集成评价、模拟和管理来解决环境问题。这确实需要在不同学科的科学家之间，在科学、经济和社会之间、以及在不同的文化之间开展集成式的研究工作。我国的生态经济研究人员主要以从事社会科学研究的人员为主，相对缺乏自然科学的知识，这导致生态经济学在我国现在被等同于可持续经济学、可持续性管理学。目前我国绝大多数的生态经济研究，都是传统政治经济学在生态经济学方面的简单延伸，不仅方法、范畴、体系等基本上都是传统政治经济学式的，而且分析过程也是如此，现有的生态经济成果绝大部分都是规范性的描述。一般而言，以人与自

然关系为主要对象的生态经济学,是所有经济学科中最应该采用实证方法并使用以数学模型等计量分析方法的,而这些在我国的生态经济学论著中却比较少见。除了研究人员知识的局限性外,当前也缺乏保证科研人员一心一意工作的环境,也缺乏将科学和社会联系在一起的机制。

4 未来5~10年本学科领域发展战略

4.1 本学科领域的发展布局、优先领域以及与其他学科交叉的重点方向

4.1.1 本学科领域的发展布局

从前述理论演化的思考规律来看,理论的演化大多是从已有框架出发,采用简化的方法(如采用包含性的等级层次体系来识别或简化已知结构性成分之间的关系),从简单到复杂,一步步深入展开的。因此,对本学科领域的发展布局,应尽量从目前已有较好积累的方面和领域出发,先采用简化的方法,再一步步从简单到复杂深入。另一方面,学科发展应结合国家需求,结合各研究主体所在区域的实践需要,针对具体问题开展研究,以理论指导实践,以实践促进理论发展。

(1)西北地区是一个少数民族聚集区(45个少数民族),经济落后,生态环境脆弱,水资源是经济发展的基础,也是生态环境建设的保障。西北地区发展以水资源为主线的生态经济综合研究。依托中科院寒旱所、生地所、西高所和兰州大学、新疆大学、青海大学等大学,重点以内陆河黑河、塔里木河为主,在识别人文因素的基础上,研讨人文因素对发展的影响,对典型地表过程(如水资源系统)的影响,开展集成评价、集成模拟和管理的研究。在我国的主体功能区划中,西北地区很多地方都属于限制开发区和禁止开发区,担负着提供生态服务的主体功能,因而也是评价生态系统服务功能的天然场所,也是开展生态补偿研究的重点区域。西北地区同时受冰冻圈变化的影响最大,因此也是开展气候变化影响下的脆弱性评价和适应性对策研究的理想场所。

(2)东北地区是老工业基地,是我国湿地分布面积最大的区域,因而可以依托中科院沈阳生态所、中科院长春地理所等单位发展循环经济、低碳经济的理论方法与实践工作,开展湿地功能的价值评估。

(3)北京地区、长三角和珠三角地区经济发达,科技力量雄厚,可以依托当地科学研究单位和高等院校,在全国各地根据区域生态经济情况的差异,开展综合的生态经济研究,创新生态经济研究的理论与方法,发展完善复杂性的理论与方法。而北京地区、长三角和珠三角可以优先发展城市生态经济研究、产业生态园区模式研究、生态效益的综合评价研究。

4.1.2　优先领域

(1)人文因素对环境的影响评价

在不同的社会经济政治文化背景下,区域经济的演化、区域生产模式、消费模式、生计模式对局地或全球的环境和资源会产生不同的影响。由于贸易的作用,有些影响(如消费的影响)可以跨越区域边界,从而导致引起一些更大区域上甚至是全球性的问题。因此,需要以更开阔的视角认识区域与全球环境变化之间的相互作用关系。如何甄别这些模式背后驱动的人文因素及自然因素?如何分析其演变规律?如何将环境影响的公平性纳入统一的评价框架?这些都是揭示典型区域人文过程对环境影响的单向作用机制需要解决的问题。本优先领域涉及主题(1)和主题(4)。

面临的挑战:

除一些全球性的环境问题外,具体的环境问题无疑打上了区域的烙印,除人文要素本身外,生态经济学需要更加重视区域的人文特征研究,人文要素大体可以用经济、文化、宗教、历史、政治等特征来概括。目前尽管关于人文因素作用的研究非常普遍,但具体哪些应算人文因素,其界定还没有明确的统一框架。以前的研究大多是集中在一些可以明显界定的人文因素上,如人口、GDP、技术等。目前国际上进一步扩展了研究的范畴,将社会资本、文化类型、制度等因素纷纷纳入其中。尽管如此,但由于社会资本、文化类型和制度等人文因素本身就存在很多重叠部分,难以严格界定,而且根据分析的尺度,人文因素本身又可以细分为更多的结构性子成分,如社会资本可以细分为结构性和认知型社会资本。因此,当前关于人文因素的研究主要集中在研究单个人文因素的作用上,对人文要素间的相互作用影响研究比较少,如结构性社会资本和认知型社会资本之间的关系研究就不多见。同时人文因素不仅代表一种驱动力,它既可以造成地表过程的变化,也影响我们对地表过程变化的响应。另外,人文因素因为与自然因素功能、属性、数据格式都不一致,而且很多人文数据缺乏空间属性,甚至难以量化。因此,探讨环境影响中人文因素的作用困难重重。

研究重点:

①开发识别人文因素的理论框架,研究人文因素能否量化的问题,增强关于人文因素方面的知识。

②改进和创新人类活动对环境影响评估的框架和指标体系,分析人文因素的演变规律,探讨其调控机制,动态评价人类活动对环境的影响。

③在人类福利的评价中,增加考虑心理、社会和生态环境方面的限制因素,改进和创新人类福利的测量指标体系。

④创新技术和方法,探讨合适的经济规模问题。

⑤开发高分辨率的技术,更好地揭示人类活动对环境影响的空间异质性,分析环境公平、社会公平与生态效益之间的关系。

⑥开发集成的模拟模型,分析人文因素在关键地表过程中的作用。

(2)生态系统服务

人类的福利依赖于生态系统提供的各种各样的商品和服务。人类对生态系统服务的依赖远远超过经济福利,已广泛延伸到健康、安全、粮食、营养甚至文化认同、审美和精神层面。人—环境系统的变化可以改变生态系统服务的输送能力,降低服务的质量,甚至威胁生态系统的适应能力。因此,生态系统服务如何影响人类福利就是需要认识和理解的关键问题。本领域属于主题(3)和主题(4)。

面临的挑战:

生态系统的结构和功能并不等同于生态系统服务。测量生态系统服务的数量本身就存在困难,而且不同类型的生态系统服务之间存在复杂的相互作用,采用通常的方法手段难以区分。目前需要研究的主要问题是如何精确地测量生态系统服务的供给。在确定生态系统服务的供给变化后,分析的关键问题就会转向如何确定生态系统服务供给与人类福利之间的联系。

在不同的学科中,价值、价值体系、估值这些概念的含义和解释都不同。不同的文化或社会团体,其估值基础也存在差异,年龄、性别、富裕程度、阶层、种族等社会特征也影响生态系统服务的估值。通常,生态系统服务的分布是不均匀的,人们从输送的生态系统服务中获益的方式也不同,从而生态系统服务对人类福利的贡献肯定存在空间差异。因此,需要考虑生态系统服务的收益和成本分配问题。

研究重点:

①开发一种新的分析框架和方法,测量并模拟生态系统结构和功能变化,并建立生态系统结构和功能与土地利用和管理之间的关系,进而评估土地利用和管理对生态系统服务的影响。

②要评估生态系统服务对人类福利的重要性,需要将生态系统服务转到生计体系中分析。将多种生态系统服务和功能与资产的形成和收入的产生联系在一起,以便更好地指导可持续的生产实践。

③分析生态系统服务供给发生变化的情况下,人类社会的脆弱性和采取的适应性对策。

④生态系统服务估值需要更多的实证研究来为创新理论和方法提供基础。需要系统探讨生态系统服务估值问题所有的方法及类型,为研究的自然和社会科学家提供一种跨学科的视角。目前最需要研究探讨的是如何从单个生态系统服务功能的研究,扩展到多种生态系统功能和利用的研究,积累关于生态系统服务收益和成本时空分离的证据;探讨其中的跨尺度影响因素。

⑤研究生态系统中的生物多样性,开发评估生物多样性的直接和间接价值的方法,以增强对生态系统结构和功能关系的理解。保存和积累长期数据,将生物多样性损失的原因分析与相关的地表过程分析结合起来。提高理论和模型研究,增进生物多样性在生态系统服务中作用的认识,为保护政策的确定提供基础和依据。

⑥构建生态系统健康的评价指标体系,并将生态系统健康与人类健康联系起来,以更好地认识生态系统服务对人类福利的贡献。

⑦在生态工程的设计规范中增加生态和社会设计标准,探讨更可持续的利用生态系统服务的方式和途径。

(3)生态经济系统的脆弱性和适应力性

海平面上升的脆弱性和适应性对策评价,海平面上升毁灭了用于农业、城市居住区、旅游和休闲等最有生产力的沿岸土地,或者使之盐碱化,从而加剧了人口压力和普遍存在的土地资源竞争。同样,冰冻圈的退化和沙漠化扩张也会对区域水资源供给、分配、质量,对水传播的疾病,居民的健康、收入、生产生活方式等都存在很大的影响,因而需要探讨其脆弱性和适应性对策。本领域属于主题(3)和主题(4)。

面临的挑战:

生态经济系统的脆弱性和适应性是由生态过程与人文过程之间复杂的相互作用所决定的。外界的冲击和干扰都会影响生态经济系统中的各个组成成分,并且改变系统的脆弱性和适应性。生态经济系统通常会经历各种灾害和扰动的影响,由于灾害和扰动的速度、先后次序和广度上的差异,结果会对生态经济系统造成不同的影响,从而生态经济系统采用的调整与适应策略也会不同。显然,需要提高认识各种类型与特征的灾害和扰动,以及生态经济系统本身的应对能力。认识系统暴露在灾害和扰动下的程度,以及应对能力变化后生态经济系统所受到冲击,有助于加深对适应能力的理解,并能检验适应能力的评价结果。

研究重点:

①针对生态经济系统,评估哪些因素影响其脆弱性和适应力,开发脆弱性评估和适应性对策研究的指标体系与评估框架。

②开展脆弱性和适应性对策的个案研究,积累经验和教训,更好地认识脆弱性和适应性之间的联系。开展环境变化条件(气候变化、冰冻圈退化、沙漠化扩张、水资源枯竭等)下,区域的脆弱性和适应性对策评估。

③分析各种类型与特征的灾害和干扰如何影响生态经济系统,分析生态经济系统的适应能力。

④分析在灾害、干扰的作用下,适应能力的变化对生态经济系统的暴露度有何影响,对灾害和干扰的后果有何影响。

⑤在动态的集成模拟模型中,如何考虑脆弱性和适应力的分析结果。

(4)生态补偿

国际上生态补偿研究的核心就是通过服务的使用者向服务的提供者付费,将生态系统服务的非市场价值转化为当地参与者提供生态系统服务的财政激励机制。问题的关键可以分为 3 部分:①理解自然过程,即明晰提供的生态系统服务(ES)数量;②向服务的使用者收取费用;③向服务的提供者付费。②和③部分可以简单地理解成一个买卖合同及履约问题。实践中,存在多种社会无效率的情形:因提供的支付不足以让土地所有者采用社会期望的土地利用方式,从而私人无利可图;参与者采用了社会福利小于社会成本的土地利用方式。尽管提供了 ES,但成本高于提供服务的价值;对到处都采用的土地利用方式付费。这些情形最终都会减少社会福利。因而克服上述社会无效率的情况,是生态补偿机制设计中需要解决的关键问题。本领域属于主题(2)和主题(4)。

面临的挑战:

我国的生态补偿领域面临的最主要的挑战是认识符合中国国情的补偿机制。

研究重点:

①明确研究生态系统服务类型和数量的基础上,确定补偿范围;

②确定机会成本与生态系统服务供给曲线之间关系;

③开发项目参与者的空间筛选方法,减少信息租金的方法等,补充和完善生态补偿研究的理论框架;

④生态补偿项目的有效性评估;

⑤生态补偿与缓解贫困;

⑥生态补偿与可持续生计。

(5)循环经济、低碳经济和生态文明

生态经济系统吞吐量的线性增加直接威胁到了人类赖以生存的自然系统的可持续性,循环经济的实质是效法自然生态系统的循环法则,以“减量化、再利用、资源化”为原则,以低消耗、低排放、高效率为基本特征,是符合科学发展观的经济增长模式。我国人均资源占有量低,发展循环经济是必然的选择。低碳经济的实质等同于碳排放的“减量化、再利用、资源化”,这与循环经济的实质是一致的,只是专注点落脚在碳排放上。生态文明建设就是如何在生态约束范围内,协调好物质文明和精神文明之间的关系。本领域属于主题(2)和主题(4)。

面临的主要挑战:

循环经济应是依托自然规律的大循环,如果视点只是集中在人类社会系统中,尽管技术效率的提高可以带来单位资源利用产出率的提高,但由于人类贪欲的驱动,会引起生态经济系统整个的吞吐量提高。

研究重点:

①企业、产业和区域层次上循环经济与评价体系;

②企业、产业和区域层次上的循环经济发展模式与有效路径;

③清洁生产与废物利用技术;

④国家或区域低碳经济发展模式;

⑤国家或区域低碳经济发展的激励和调控机制;

⑥可持续的生产或消费模式研究;

⑦国家、典型区域、典型社团生态文明建设的路径选择。

(6)复杂性的理论与实践

生态经济系统是复杂适应性等级系统,其相互作用关系非常复杂,不同的区域对环境条件的变化适应能力不同,采取的对策措施也不同,对生态经济系统的影响也会存在差异。反之,即使是同样的自然环境条件,不同的社会动态过程,经济环境和文化价值观将会导致不同的区域按照不同的轨迹演化。这种复杂的相互作用关系说明生态经济系统演化的可预测性决不会体现在个案的研究中,只有通过选择典型区域,依托针对生物物理环境条件的监测,通过开发集成模型进行比较研究,才可能得出综合性的结论。复杂性的理论研究反过来可以指导多尺度的动态生态经济模型的开发。

研究人员已经意识到需要开发集成研究人与自然界其余部分之间相互作用的理论框架,从多因素集成的视角,可以克服人文因素与自然因素相分离的研究方法的局限性,增进对人文过程与关键地表过程之间在不同的空间(局地、区域和全国)尺度上、不同时间

（近100年，近1000年，近10000年）尺度上相互作用关系的认识，从而为更有效地塑造一个可持续的未来做出贡献。本领域属于主题（5）。

面临的挑战：

人类活动对环境的影响评价，通常是将人类的影响作为环境的协变量或间接通过模型参数纳入生态模型进行分析。人类活动的影响通常在时间上是趋于离散的，而且与离散的空间结构密切相关，而生态过程在时间和空间上是连续的，这在数学上存在一个异质性问题。理论上，人类活动对环境的影响难以在单一的数学框架（如用常微分方程组）内来模拟和集成评价。另外，我们需要从过去学习经验，而我们关于过去的历史数据有限，知识也有限，通常难以用来提高对当前生态经济系统的研究。同样，在响应人类社会向前演替过程中产生的各种环境问题方面，通过集成评价、集成模拟、集成管理可以促进研究人员相互之间更好地学习和合作。目前，这方面也没有成熟的理论框架和方法。

研究重点：

①研究是否存在一个最终的目标函数，可以用来调控生态经济系统的演变；

②通过个案研究，开发生态经济系统复杂性的度量方法、辨识方法和评价方法；

③通过对人类行为进行科学而系统的研究，来描述人们在真实生活中表现出来的行为特征，为建立定量化的人类行为理论提供依据；

④对生态经济系统复杂网络的研究，认识生态经济系统基本结构和动力学特征；

⑤构建生态经济系统演化的模拟平台，开发不同时间尺度上生态经济系统演化的集成模拟技术，提高预测生态经济系统演化趋势的能力；

⑥基于复杂性科学的理论，开发生态经济系统的管理理论和方法，提高调控生态经济系统演化的能力。

4.1.3 与其他学科交叉的重点方向

（1）与古环境学科结合学习历史经验

没有历史知识，我们就不可能理解现在的社会，更谈不上明智地规划未来。如何从过去人与环境相互作用的古环境记录中提取有价值的信息，这是生态经济研究人员需要解决的一个重要问题。据此可以让我们了解过去的决策如何影响现在的景观，从而有助于从长时间尺度来了解生态经济系统的演化规律，并预测未来的变化[7]。

从过去学习经验应该包含理论的开发，但涉及人与环境相互作用的理论却非常少。历史信息可能提供激发新理论的视角和洞察力，但是它也可能用来检验理论和假设。因此，改进平衡人与环境交互作用的可检验理论，而不是关于生物物理或社会现象单方面的理论，应该作为优先选择的方向之一。

（2）与人文社会科学接轨，分析人类行为的影响因素和影响机制

从当前国际上的IHDP、Urbanization、IDGEC、GLP、IHOPE等计划来看，全球环境变化中人文因素的作用分析越来越受到重视和关注，研究成果越来越多。当前的研究大多集中在单个人文因素，或几个人文因素的简单组合研究上。从宏观角度来看，人文因素大体可以概括为经济、文化、历史、政治、技术等特征，从微观角度来看，可以概括为性别、个性、角色、地位、人力资本状况等特征。这些都影响个人、集体的行为决策，而且人类行为还受

生活的自然环境及一些偶然事件的影响。目前人文因素的识别缺乏统一的框架,人文因素与自然因素因属性和功能不一,缺乏定量数据或根本无法定量,因而其作用辨识也缺乏合适的理论基础。研究生态经济系统的协同演化,探讨调控机制的问题,首先就需要弄清人文因素的作用,毕竟人类对环境的管理首先是要管理好自己。弄清人文因素的作用,不可避免地需要与人文社会科学接轨,建立识别人文因素的框架,探讨人文因素的演化规律,在此基础上,开发分析工具和方法来分析人文因素的作用,提炼出人文因素对自然界中其余部分的影响路径。

4.2 本学科领域开展国际合作与交流的需求分析和优先领域

(1)集成的生态经济模拟模型

模拟模型的开发是我国生态经济研究人员的软肋之一,也是生态经济研究能力建设的关键环节之一。关键环境问题的解决,必须是建立在对生态经济系统之间耦合关系深刻认识和了解的基础上。因而需要加强国际合作,将国外的先进技术引进来,提高自己的能力。

(2)人文因素的识别、量化和作用机制分析

人文因素的识别现在缺乏统一的框架,分析探讨的人文因素之间缺乏明确一致的关系界定。人文因素能否量化,人文因素的作用机制问题,这些都是解决环境问题不可回避的问题。我国目前对与此相关的问题研究能力明显偏弱,因而需要加强国际合作。

4.3 本学科领域发展的保障措施

确保一个学科顺利地向前发展,经常采用的有两种途径。一是规划学科的发展未来,并提供学科发展的保障措施;二是寻找阻碍学科发展的限制因素,如果能剔除学科发展的限制因素,那样学科也可顺利地发展❶。按照学科规划纲要的要求,这里主要阐述的是第一条途径。

确保生态经济学科顺利发展,可采用的保障措施如下:

(1)宽松的环境。生态经济的研究需要有集成的思想、集成的能力、分解的思想和分解的能力。然而,真正的集成和分解显然需要研究者一心一意,掌握丰富的多学科知识,而且社会制度方面也需要架起科学与社会决策之间的桥梁。这需要为生态经济方面的研究人员创造宽松的环境。

(2)鼓励研究人员多从事交叉学科的研究,如基金申请中可考虑优先资助那些在自身专业领域外探索的项目。

(3)加强优秀研究团队和学术带头人的培养,创建有特色的生态经济学科研究基地。培养和造就生态经济研究的优秀学术团队及研究基地是实现我国生态经济研究与学科发

---

❶这类似于规划和可行性研究的区别。由于事件本身存在不确定性,事实上所有的规划都多多少少有些荒谬。反过来,运用所有可能收集到的证据,不管是已经证实还是假设的,审慎的可行性研究将极具启发意义。

展战略目标的重要保障,必须在培养优秀中青年学术带头人的同时,大力支持和培育优秀学术团队,建立有特色的研究基地。

(4)为了能使生态经济研究持续、稳定、健康地进行下去,促进较好的研究规范的形成,应该完善课题立项和进展评估体系。对课题立项的选择应侧重基础研究,对课题进展评估,应采取跟踪课题阶段性成果和同行评议相结合的办法,对无法保证达成预期结果的课题应及时终止资助;对课题研究绩效的评估,应制定评价指标和评估标准,组织专家进行评审,对优秀的项目负责人进行滚动支持。

(5)加大对外交流与国际合作的支持力度,始终与国际生态经济研究同行保持紧密的联系,经常开展学术交流与合作,在交流中取长补短,不断发展,实现超越。

参考文献

[1] Constanza R. What is ecological economics? [J]. Ecological Economics,1998,1:1-27.

[2] Daly H E, Farley J. Ecoligical Economics:Principles and Applications[M]. Island Press,2003.

[3] Brown L R. Learning from China – Why the western economic model will not work for the world[J]. Eco – Economy Update. March 9,2005.

[4] 程国栋,徐中民;徐进祥. 建立中国国民幸福生活核算体系的构想[J]. 地理学报,2005,60(6): 883 – 893.

[5] Daly H E. Beyond the growth[M]. Boston:beacon press,1996.

[6] Schumacher E F. Small Is Beautiful:Economics as if People Mattered[M]. Harper Collins Publishers, 1989.

[7] Costanza R, Graumlich L J, Steffen W. (eds). Sustainability or Collapse? An integrated history and future of people on Earth[M]. Dahlem university press,2007.

[8] 孙成权,王天送,黄彦敏编译. 全球环境变化与城市化、制度因素、全球土地计划[M]. 北京:气象出版社,2008.

[9] 王松霈. 生态经济学[M]. 西安:陕西人民教育出版社,2000.

[10] Gibson C C, Ostrom E, Ahn T K. The concept of scale and the human dimensions of global change:a survey[J]. Ecological Economics. 2000,32(2):217 – 239.

[11] Parsons J. The structure of social action[M]. Boston:McGraw – Hill Companies Inc,1937.

[12] 徐中民,程国栋. 人地系统中人文因素作用的分析框架探讨[J]. 科技导报,2008,26(3):86 – 92.

[13] Mayumi K. The origins of ecological economics:The bioeconomics of Geogrgescu – Roegen[M]. New York:Routledge. 2001

[14] Allen R E. Human Ecology Economics:A new framework for global sustainability[M]. New York:Routledge. 2008.

[15] Costanza R, Jϕrgensen S E. Understanding and solving environmental problems in the 21st century:Toward a new,integrated hard problem science[M]. Amersterdam:Elesiver,2002.

[16] Jϕgensen S E, Fath B D, Bastianoni S,et al. A new ecology:systems perspective[M]. Amsterdam:Elesiver press,2007.

[17] Wackernagel M, Onisto L, bello P et al. national natural capital accounting with the ecological footprint concept [J]. Ecological economics,1999,29(3):375 – 390

[18] Hoekstra A Y. Human appropriation of natural capital:A comparison of ecological footprint and water footprint analysis[J]. Ecological Economics,2009. 68(7):1963 – 1974

[19] Odum H T. Environmental accounting: Energy and environmental decision making[M]. New York: John Wiley & Sons Inc, 1996: 15 - 34

[20] Dincer I, Rosen M. Exergy: Energy, environment and sustainable development[M]. 2007. Elsevier press.

[21] Costanza R. et al. Value of the world's ecosystem services and natural capital[J]. Nature, 1997, 387: 253 - 260

[22] MEA. Ecosystems and Human Well - being: Current State and Trends[M]. Island Press, Washington DC, 2005.

[23] United Nations Statistics Division, United nations Environment Programme. Integrated Environmental and Economic Accounting: An Operational manual[M]. New York: United nations, 2000.

[24] Max - Neef M. Development and human needs. In: Ekins P, Max - neef M (editors), Real - life economics: Understanding wealth creation[M]. London Routledge, 1992: 97 - 213.

[25] Bruni l, Pora P L. Economics & Happiness: framing the analysis[M]. Oxford: Oxford University press, 2005.

[26] Engel S, Pagiola S, Wunder S. Designing payments for environmental services in theory and practice: an overview of the issues[J]. Ecological economics, 2008, 65: 637 - 674.

[27] Proops J, Safonov P. Modelling in ecological economics[M]. Cheltenham, Edward Elgar publishing, Inc, 2004.

[28] Costanza R, Voinov A. Landscape Simulation Modeling: A Spatially Explicit, Dynamic Approach [M]. Springer, 2003.

[29] 戴蒙德．崩溃:社会如何选择成败兴亡[M]. 江莹,叶臻译．上海:上海译文出版社,2008.

[30] 戴汝为, 李耀东．基于综合集成的研讨厅体系与系统复杂性[J]. 复杂系统与复杂性科学,2004:1(4):1 - 24

7　生态经济研究中的思维方式与研究生的培养和教育

摘要：首先分析了生态经济学和个人发展的目标手段谱之间的关系，生态经济学和个人面对的问题分类与解决途径，以及生态经济学中的思维方式，在此基础上总结了学习生态经济学的作用；接着总结了生态经济学方向研究生培养中存在的问题，并与个人的成功要素对应起来提出了解决问题的思路；最后从研究生要相信自己，加强基本技能训练，培养健商、逆商、情商，制定计划然后力行等方面阐述了生态经济小组采取的发展对策。这项研究对生态经济学方向研究生以及其他专业老师和学生的自我完善，具有一定的借鉴意义。

1　引言

中国科学院寒区旱区环境与工程研究所是国内较早开展生态经济研究的机构。目前，寒区旱区环境与工程研究所从事生态经济方向研究的固定人员只有2位，其他大多是研究生、博士后等流动人员，从2000年至今，该方向已毕业研究生近50名，研究生培养事实上已是本所生态经济专业方向的主要任务。研究生培养是一个促进研究生自我完善的过程。将专业理论知识、分析解决问题的技巧用来解决生活中的问题，如果以此为检验研究生培养成功与否的标准的话，那么这些年生态经济方向研究生的培养只能是数量可观，但质量差强人意。在实际工作中，我们发现研究生的问题不断重复，成了一种可以预期的东西，这引起了我们的警觉。生态经济学是一门研究人地关系的新兴交叉学科，其学科发展中提出的问题，解决问题的思维方式和技巧等原本可以为个人的发展提供很多值得借鉴的东西。在个人自我完善这点上，生态经济学方向的研究生应该比其他学科或专业的研究生更具优势，但现实并非如此。问题何在？如何解决？本章对此进行了一次反思总结，希望能发挥生态经济学的学科优势，为解决生态经济方向研究生面临的问题提供一些具有逻辑性、可行性的方法和途径。

本章首先梳理了生态经济学与个人自我完善之间的关系；然后对生态经济学研究生面临的问题进行了总结；最后借鉴生态经济学中的经验，提出了解决研究生面对问题的对策措施集。值得注意的是，这里记录的问题、提出的解决方法，大多已经实践检验。其中有些问题解决得比较圆满，有些问题还遗留在那儿，这里都拿出来权用做抛砖引玉，希望这种反思总结能给其他专业的老师和学生提供一点值得借鉴的东西。

2 生态经济学与人的自我完善

2.1 生态经济学与个人发展的目标手段谱

生态经济学主要处理人地系统之间的关系,其主旨是有效地利用手段来实现目标。图7.1展示的是生态经济学的目标手段谱[1]。其中最基本的问题是如何利用根本手段(低熵的物质和能源)为最终目标(最高的善)服务。但是这个问题的综合性太强,在实践中通常要分解成一系列的子问题,用不同的学科来处理,相应的学科标注在图7.1的右侧。谱中间的手段和目标,它们的选取受最终目标和根本手段的影响。与此类似,人的发展也存在一个最终目标和根本手段,也可以分解成很多中间目标和手段。受人类、个人自身条件的限制,生态经济学、个人的最终目标是什么?对此还有点模糊,尽管如此但不能否认它的存在。如果不存在最终目标,也就不存在判断现实世界状况的客观价值标准。如果不存在客观的价值判断标准,个人都按自己的主观偏好行事,那么相互之间的分歧只能靠武力、欺骗等途径来解决,平常所说的宽容就失去了根基[1]。尽管不能清楚地描述最终目标,但是肯定它的存在有助于理解为什么日常生活中会发生各种各样的冲突。另外,最终目标的存在还可以澄清我们心中的信仰,使我们明白工作和生活的意义。

根据我们的经验,个人成功的要素大体分为智商、情商、健商、逆商和机遇5种❶。图7.2的右端列示的是个人自我完善过程中不同阶段成功的基本要素,它们的排列顺序

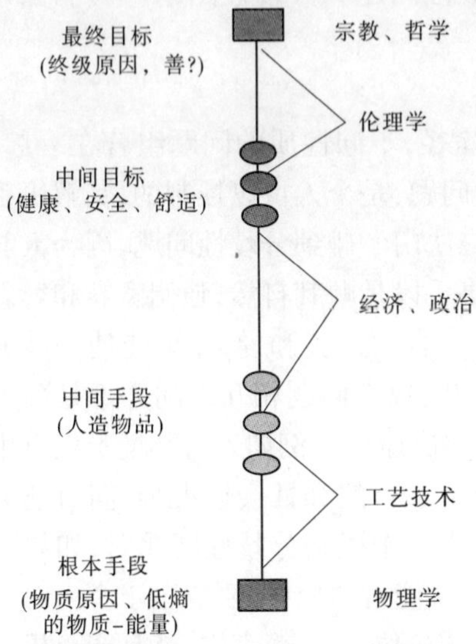

图7.1 生态经济学中的目标手段谱

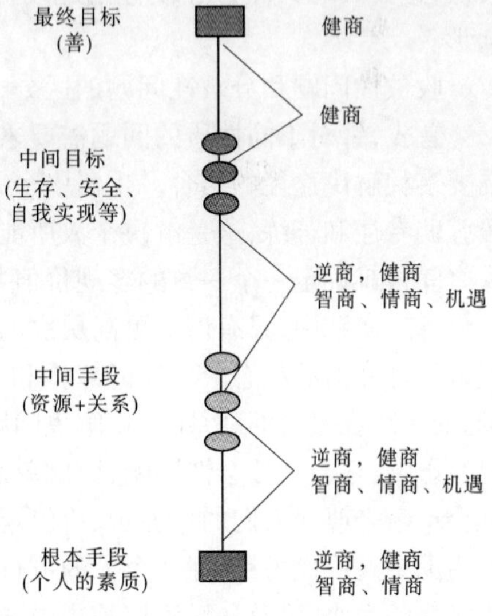

图7.2 个人发展的目标手段谱

---

❶智商指靠逻辑思维解决问题的能力;情商指处理人际关系的能力;健商指对目标排序的能力,主要是一个客观价值的判断标准问题;逆商指在挫折和困境中崛起的能力。

反映了不同的阶段它们重要性上的差别，排在前的重要性程度高，后面的低。需要说明的是，重要性排序因地、因人而异，这里列示的只是现阶段我们经验范围内的理解。如谱的底端，逆商、健商、智商和情商构成了一个人的基本素质，情商排在后是因为人际关系并不完全由个人决定，还取决于交往对象。个人利用根本手段获取资源，建立一定的社会关系，还会受到机遇的影响。个人在利用各种手段实现中间目标的过程中，不可能一帆风顺，难免要受到挫折，有的人能重新崛起，有的人却因此一蹶不振。如果人无法克服挫折，自我完善等一切都成了空话，这是逆商在这几个阶段中排在首位的原因。根据最终目标对中间目标排序是一个伦理问题，主要反映的是一个人对客观价值标准的判断。能找到正确的目标，这是比解决问题更高一个层次的问题。因此，在利用根本手段、中间手段实现中间目标的过程中，健商排在第二位。

2.2　生态经济学和个人面对的问题分类与解决途径

生态经济学处理的人地关系，其中“地”是与人有反馈的客观对象，而非简单的外在环境[1,2]。因此，生态经济学处理问题的手段和方法对个人发展有很多值得借鉴的地方。

生态经济学在视野开阔、定位准确的基础上提出了稳态经济的思想，提出了生态经济学需要解决的3个问题：规模问题，公平（分配）问题，效率（配置）问题。并给出了解决问题的先后顺序，首先是规模问题，然后是公平问题，最后才是效率问题[1,2]。其中，效率问题主要涉及量的变化，是可以靠逻辑思维解决的问题，这类问题又称为收敛性问题；而规模和公平问题涉及质的变化，这类问题靠逻辑思维解决不了，需要采用辩证的思维方式来解决，这类问题又称为分歧性问题[3]。在生活中，收敛性问题和分歧性问题与我们如影随形。

收敛性问题和分歧性问题的区分，意义非常之大。

首先，针对不同性质的问题需要采取不同的解决途径，不同性质的问题组合在一起，需要多种解决途径的结合。生活中个人碰到的收敛性问题，是个人可以控制的，其解决手段强调专注和苦练，这是解决个人所能解决事情的不二法门。碰到分歧性问题，因为人与人之间很难确定一个一致的客观价值判断标准，其解决手段是顺其自然，强调宽容和容忍的修炼。实践中，只有借助更高层次的力量，给生活注入真、善、美和爱，才可能使分歧方达成一种和谐的状态[3]。实际工作和生活中，分歧性和收敛性问题相互之间并不是独立的，而是存在紧密的联系，真正解决问题需要结合多种解决途径。例如人对环境不仅有生物性影响，还会有社会性影响，因此单靠技术创新避免不了自然和社会性灾难，同时还需社会革新来改变人们的世界观、价值观和社会行为[4]；生活中碰到分歧性问题时，如果无法借助更高层次力量，那么个人的可行对策主要是适应。能否适应，主要取决于个人对策措施集的大小，以及从对策措施集中选择出合适对策措施的能力。简言之，就是能否想得开、放得下。通常，个人对策措施集的大小主要取决于思维方式是否完备。思维灵活者，对策措施集大，反之则小。

其次是价值观念的转变，生态经济学中分歧性问题的存在说明需要考虑生物圈中的利益，考虑人类自身与其他生物的关系，将其他生物当成人类自己的一部分，这是一种强调系统整体的世界观,强调系统复杂性的世界观,与传统工业体系中依靠牛顿—笛卡尔建立起来的机械世界观截然不同[5]。

最后是发展的"陷阱",这是比通常所说的犯错误更深一个层次的问题。由于人类自身的原因,经常会用解决收敛性问题的手段来解决分歧性问题。这里举例来说明:在现有的工业化体系下,个人、家庭都希望增加收入,政府也采取了一系列措施来增加老百姓的收入。但如果增加收入以对生态的索取为代价,那人类采取的行为就变成了一种慢性自杀[6];目前生产效率、财富等是衡量社会进步与否的标尺,过分追求效率必将导致人类不断扩大利用自然资源的规模。如果全人类都这样行动,在缺乏外界约束的情况下必将超越地球的承载能力(规模的界限)——常说的"公共地悲剧"指的就是这种情况,最终导致整体崩溃[7]。

2.3 生态经济学中的思维方式

第2章总结了生态经济理论和方法的演替模式,突出了极端情形在理解演替模式中的重要性[8]。第3章将焦点集中在辨析要素和澄清要素之间的关系上,对生态经济研究中的思维方式进行了初步探讨[9]。但是,文中侧重的是揭示系统的整体结构特征,倡导采用整体性的研究视角,对生态经济研究中的思维方式概括还比较笼统。这里结合其他生态经济的研究,对思维方式进行进一步的梳理总结。

在生态经济研究中,其思维方式主要有如下5种:①从事情本身的角度出发思考;②逆向思维;③注意事情的两面性;④从演化的角度思考;⑤将系统整体作为原因。

(1)从事情本身的角度出发思考,是指分析问题要摒弃个人主观经验的影响。在处理生态系统与经济系统的关系时,单从经济的角度思考得到的模式将是经济帝国主义,单从生态的角度思考得到的将是生态简化论,生态经济学从生态系统与经济系统之间的关系出发得出了稳态经济思想,就是从事情本身的角度出发思考的一个例子。

(2)逆向思维,是指颠倒分析要素之间的关系方向来考虑问题。它的重要性在第3章中有详细的阐述。

(3)注意事情的两面性,是指任何事情的影响都有积极的一面,也有消极的一面,在分析问题的过程中要不偏不倚。IPAT等式是分析人类活动对环境影响的经典等式,但只是认识到了人口和GDP增加的消极影响—对环境的影响,没有认识到积极影响,如提高社会对环境影响的适应能力。认识到这一点,我们提出了可持续发展评价的新等式ImPACTS[10]。

(4)从演化的角度思考,指的是分析问题时需要拓宽视野,不能静止片面地停留在格局分析上,需要从演化的角度找原因。目前关于文明兴衰的研究大多都是从演化的角度思考的结果[11]。

(5)将系统整体作为原因,是强调对系统整体结构特征的认识[12],认识到这点有助于理解收入分配中的马太效应,以及对"共谋"错误的认识[13]。按分类总结原本可以归于从演化的角度思考一类,这里单独列出是因为我们习惯于找单因素的原因,殊不知很多事情既是因又是果[14,15]。第3章中提出了水资源社会经济循环规律的研究框架,就是从演化的角度思考将系统整体作为原因分析的一个例子。

2.4　学习生态经济学的作用

如上所述,生态经济学通过自然和社会科学的结合、科学和信仰的结合,发展了可持续性的解决方法,为人们理解现实、掌控自己的命运提供了强有力的工具。对生态经济系统科学规律的认知和探索,可以使我们成为不单是有利于社会的人,而且能够成为有利于地球的人。

生态经济学和个人发展的目标手段谱分析表明,承认最终目标的存在培养了人天性中的情感成分,提醒需要加强意识形态方面的教育。不能澄清我们心中信仰的教育只能称之为训练[3]。显然,学习生态经济学可以帮助我们明白生活的目标和意义,明白教育真正的涵义。生态经济学对根本手段的区分说明了哪些是能利用的最基本的东西;对收敛性问题和分歧性问题的区分说明针对不同的问题需要采取不同的解决方法,使解决问题的目标和方式都更加明确、合理;另外,生态经济研究中思维方式的变化,可以使解决问题的思路更加清晰。同时将公平问题置于效率问题之上说明个人追求效率不能危害公共利益。显然,学习生态经济学可以让我们成为一个对社会有用的人。

理性经济人的假设、物质主义等是西方的主流价值观念,也是人类陷入进步"陷阱"的原动力。生态经济学明确指出了需要在规模的约束下追求效率,这可以避免陷入效率的"陷阱"。这是对目前西方经济价值观念的一种颠覆,提倡放弃物质主义的观念与生活方式,转向一种绿色的、稳态经济的发展模式。显然,学习生态经济学的理念并付诸实践,可以让人们成为有利于地球的人。值得一提的是,个人可以按照生态经济学理念行事,但发展中国家不能盲目采用生态经济学理念,这里也存在一个资源泄露的陷阱。因为盲目采用生态经济的理论,必将限制自己经济的发展,而国家越发达,将自己的环境压力转嫁给其他国家的能力也越强,从而占用发展中国家的资源。因此,在竞争日益激烈的全球环境中,对发展中国家而言,增加发展能力更加重要[10]。

3　生态经济方向研究生培养存在的问题

3.1　生态经济方向研究生培养面临的问题

在生态经济方向研究生的培养过程中,发现研究生大多聪明而且勤奋,具有很多优秀的品质。本章的主要目的是促进研究生的个人自我完善,促进生态经济小组的发展,因此主要涉及研究生当中出现的带有普遍性的问题,情商的问题不在此列,而且没有包含一些极端事例。研究生当中出现的问题大体可以用下面3点来概括:①自我剖析不清;②解决问题的能力有待改进;③人比较脆弱。

研究生培养过程中出现问题的具体表征及原因分析:

(1)自我剖析不清。指不清楚自己的优缺点,自我定位不清楚,导致随波逐流。

不清楚自己的优缺点,具体讲主要是不知道自己的缺点,从而导致研究生在学期间无法采取一些自我完善的行为,这主要是因为研究生缺乏一个自我反省的过程。定位不清楚,上研究生只是为了找个好工作,缺乏为纯科学奋斗的精神,更没有把上研究生当成一个自我完善的过程。学生称老师为老板就是定位不清楚。由于研究生期间主要处理的关系是师生关系,因此这里专门解释一下。按传统,师生关系是一种老师给学生传道授业解惑的关系。可现在,很大程度上这演变成了一种商业关系,老板的称呼就是证明,有的老师也真把自己当成了老板。如果师生关系是这样,双方都有责任,都是自我定位不清楚。那些当"老板"的老师在追求什么?金钱?称老师为老板的学生在干什么,打工?不学习啦?从前面关于个人发展成功的要素来分析,他们的健商都需要改进。定位不清楚的情形还有:研究生和老师就工作上的事情讨价还价,工作开始时有,完成后也有,讨价还价不成者严重的甚至连事情都不做了,殊不知,事情本身又跟自己没仇;写一篇文章乱挂作者,显示自己人际关系的八面玲珑;写不出文章就把老师当成写文章的工具,当成发文凭的工具。现在的研究生培养体制下,寒旱所学生延期毕业期间的全部费用由老师支付,这在很大程度上促进了学生的这种依赖心理。还有就是研究生不清楚真正的科研工作。生态经济方向有些能力比较强的学生,经常会纳闷为什么自己写不出SCI论文,而从事自然科学的同学和老师好象只是做些试验,就成果丰富,越发地妄自菲薄。回想自己入学时的成绩、本科成绩,都不比别人差,想不通,就只有把责任推到了专业方向上,觉得学的东西没有用。有这种想法说明他们不清楚什么是真正的研究工作,上研究生到底是干什么。

因自我剖析不清,不知道干什么,不知道能干什么,自己有什么权利,有什么义务,不清楚自己能利用的根本手段,缺乏对自己中间目标的排序能力,因此面对生活上的问题时往往不知所措。于是随波逐流,不是驿马,就是应声虫或井底之蛙[16]。

造成自我剖析不清的原因很简单,一是体制方面的原因,由于自我完善过程是一个慢变量,现在读书过于功利,使大多数研究生都缺乏读书的动机;二是学生个人的原因,对知识缺乏系统梳理是因为学习方法不对,不会反思总结,缺乏独立思考的能力,往往以自我为中心,缺乏整体的思维观念;三是工业化价值体系的影响,人已经开始变得急功近利。

(2)解决问题的能力有待提高。

解决问题的能力有待提高,主要表现在学生对自己的知识结构不清楚,知识面狭窄,数理基础薄弱。其中的原因有:有些学校为了升学专门组织考研究生班,那些研究生重点只学了考试的那几门课程,另外现在大部分高校基础课程设置不好,大学课程专业化过早,所学课程过于狭窄、单调,而且和生活实际联系得不紧密;老师的急功近利行为,学生多参加一些横向课题,疏忽了基本能力的培养;数理基础薄弱主要是因为生态经济方向的学生主要来自人文地理专业,近年来也有社会学专业和经济学专业的学生,他们通常数学基础相对薄弱,解决收敛性问题的能力有限,何况分歧性问题。除此之外,社会造成的压力也是影响因素之一。目前研究生的就业压力大,一毕业就失业的现象很普遍。前途渺茫,缺乏学习的动力和机制。行政化主导下的研究生培养体制,规定了学生毕业的条件,学生也缺乏动力去真正地想问题和理解问题。不知道怎么干就"胡干",自己花钱买文章发表,而对毕业论文胡乱凑合了事。通常,学生普遍还是希望将论文做好的,开始就胡搞的学生比较少。但在工作中一旦碰到问题,情况就会发生变化,有少部分迎头而上,大部分学生是望而却步。造成这种状况的原因非常复杂,除了社会风气的变化外,还跟学生本人的知识积累、能力等有很大的关系。

(3)人比较脆弱。学生经常一遇到问题就显示出脆弱的一面,比如恋爱失败,长期沉浸其中无法自拔;硕士毕业时找工作和考博士的权衡,现在硕士毕业找到合适的工作比较难,有学生就是爱走独木桥,一门心思去找工作,自己基础本来可以,放弃考博,结果是一毕业成了失业,在社会上流浪一阵,然后回来上博士,真是白白浪费时间;工作中碰到问题不知道从何处着手,折腾半天后交白卷,要承担责任时就选择逃避、推卸,有好事情时候就占功劳;还有学生自以为聪明,自己的毕业论文不好好做,希望挑个简单容易的任务赶快毕业后找个"简单容易些"的工作,殊不知很多有岗位的地方其前任也有同样的想法,结果是跑过去接了个烫手的芋头,还不如搞原来自己熟悉的工作。算是印证了历史重演一次,其代价上涨一次[6]。另外,嫉妒别的学生或者产生明显的自卑心理也是学生经常会出现的问题,与此相互伴随的是自卑,这些都是人脆弱的一种表现。上述问题处理不当,往往是学生的思考方式出了问题,过多地看到了问题消极的一面,而没有看到问题积极的一面。同时缺乏动态的眼光看待自己面对的问题。这主要是传统教学的责任,传统教学模式主要传授的是机械推理的方式,主要讲授的是如何解决一些收敛性问题的技巧,学生通常对分歧性问题不熟悉,缺乏合适的思维方式应对。

3.2 问题的剖析与解决问题的思路

造成上述问题的原因非常复杂,除了社会风气的变化外,还跟学生本人的知识积累、能力等有很大的关系。尽管学生本人的知识积累和能力也受社会风气的影响,但从个人角度来看,社会风气不可能改变,能改变的只有个人自己,能掌控的也只有学生自己。因而后面采取的对策主要是从研究生个人完善角度开发的对策。

根据前面阐述的生态经济学方面研究生面临的问题,结合生态经济学的学科特点,我们将研究生面临的问题按智商、健商和逆商进行了分类。其中自我剖析不清楚主要是健商方面的问题,解决问题能力的提高主要是智商方面的问题,在这里智商主要指基本技能的训练,需要说明的是,通常能进入到研究生阶段的学习,智商是不会有什么问题的,这里用智商来概括只是为了说明问题的方便。人比较脆弱主要是逆商方面的问题。这些问题对研究生完善思维方式提出了很高的要求,如技能训练要求研究生思维灵活,健商和逆商要求研究生思维完备。尽管我们能够认识到研究生面临的问题是交叉在一起的,相互之间有紧密的联系,但为了对策上可操作,在将问题对应好后,我们忽略了问题相互之间的联系,采用头痛医头、脚痛医脚的方式来找寻对策。事实上,其效应是交叉在一起的。

具体而言,采取的解决问题的思路如下:

(1)研究生要相信自己,要读书并勤于思考。

(2)提高智商,加强需要的基本技能训练。

(3)提高健商,采取办法开阔学生的视野,丰富知识面,培养正确的思维方式。

(4)提高逆商,主要是教导研究生认识到问题的两面性,认识到事情是变化的,将系统整体作为原因,逆向思维(从避免出现最差的结果思考),增强自信。

(5)提高情商。解决分歧性问题肯定需要与人协商,能否顺利达成协议这与一个人的情商有关。这里的讨论主要涉及一个表达方式的问题,以及与同事或同行沟通的问题。

(6)制定计划,然后力行。

4 生态经济小组采取的对策

4.1 培养研究生树立靠自己的信念

对研究生来讲,要解决工作中和生活中面对的问题,首先是要相信自己,命运好坏不由己,努力奋斗靠自己。相信自己需要能认清自己,能独立思考。

研究生是从事专业科研、读书的预备人员,尽管现在社会风气是不怎么读书,作为研究生来讲,需要读书。读书加思考可以促进个人的自我完善。读书就是去读懂自己,读书当然不能尽信书,尽信书不如无书。培根曾经说过:“书并不以用处告人,用书之智也不在书中,而在书外,全凭观察得知”[17]。另外,读书即未成名,究竟人品高雅。研究生阶段的学习要努力熟练掌握一些技巧,但更重要的是要养成独立思考的习惯。不要把希望寄托在别人身上,自己要有洞察未知事物的勇气和毅力。这要求学生充分发挥自己的主观能动性。

4.2 加强基本技能训练

如《大学》所言,“大学之道,在明明德,在亲民,在止于至善。”[18]研究生的培养目标就是不断完善自己,提高自己的层次。根据现阶段的科研特点,提出了生态经济方向研究生培养的具体目标:①有远大的志向;②能勤勤恳恳、踏踏实实地做事情;③能具备克服一切困难和挫折的能力;④具备团队战斗精神。

为了更好地让研究生掌握基础知识,根据生态经济学交叉学科的特点,制定了博士研究生3~4年的学习目标。具体学习的课程分为经济学、定量分析、自然科学、社会科学和交叉学科5大类。明确提出学习这些课程的原因主要是希望借此产生一种创造性的张力,让研究人员和研究生能在这一过程中自我实现,其理论依据是社会学上的自我实现的预言,指个人如果有一个将要发生什么情况的信念,结果很可能就将预想变成现实。

针对其中的核心的专业基础课程,如生态经济学、文化理论、宏观经济学,先由学生翻译国外经典前沿著作,然后老师校订后讲授。如此,学生既提高了外文阅读能力,扩充了专业知识,更重要的是,明白了自己与国际研究前沿的差距。在所有课程的学习当中,最重要的莫过于定量分析技术的学习,采取的方法是老师整理讲义后讲授。

需要注意的是,对基础知识分类对平常的学习也有帮助。对新知识进行分类梳理,有助于弄清知识的结构。同时需要注意的是,单纯学习一些理论是不够的,还应当想办法把这些应用到具体的问题中去,对于概念的正确理解需要通过行动加以体会。

4.3　健商的培养

采取的对策措施主要是帮助学生开阔视野，培养正确的思维方式，提高抓住关键问题的能力。

为了让学生开阔视野，专门聘请兰州大学的老师开设了西方哲学史、热力学与统计物理和量子力学课程。对地理学专业知识背景的学生而言，这些课有些难度，硬啃这几门课程是为真正的学习和科研打基础。科研投入的普朗克定律说明随研究的深入，要取得研究进展需要的投入会越来越多，因为相对简单的工作前人都已做完[19]。解决工作中、生活中的分歧性问题多需要联想，培养联想能力，建议学生可以读点唐诗，增强自己的感发力量，使自己的思维插上想象的翅膀。如在不公平的环境中怎样处世，可以读点陶渊明的诗，人生受到重大挫折时，可以读点刘禹锡的诗，诗人旷达的人生态度对学生会产生潜移默化的影响[20]。

文献的阅读一定要从大处着眼，研究生要尝试走进作者的心灵，学会整体感知，才能根据自己的生活阅历与作者发生心灵的碰撞，读出自我，否则只能是简单的模范甚至抄袭。视野变得更开阔一些，可以学点哲学，理解世界观是怎样从牛顿笛卡尔的机械世界观转变成量子体系的世界观的。同时，经常组织学生学习一些经典的励志文章，如为《纯科学呼吁》、“老三篇”、《论独立思考》等，还组织学生就一些社会问题展开讨论，培养学生系统思考、抓住关键问题的能力。

思维方式可按照前面总结的①从事情本身的角度出发思考；②逆向思维；③注意事情的两面性；④从演化的角度思考；⑤将系统整体作为原因等方面展开。这些方式也是培养逆商所需的思维方式。其中的关键点，下面会具体说明。

4.4　逆商的培养

(1)想得开的5种思维方式

在碰到问题时，人们经常会想不开。怎样想得开呢？采用下面的5种方式非常有助于想得开。①认识到任何事情都有两面性。人通常会感觉到生活在痛苦中，其原因是过多地沉溺于痛苦的事情，片面地看待了问题，只想到了事情消极的一面。如果能控制自己的思考方式，想到问题积极的一面，那么就能控制自己的感觉，也能控制自己的行动模式，最终肯定能走出忧郁的阴影。②从动态的角度看问题。要认识到事情是变化的，切忌形而上学，否则遇事情会不知所措。③从系统整体的角度找原因。否则经常会陷入单因素的影响模式中，错误地认定事物的原因。④逆向思维。改变思维的出发点，从避免出现最差的情况开始思考。通常人都想要成为一个成功者，都是从学习并模仿成功者的优秀素质开始，结果费了老大的劲，成了“四不像”。原因其实很简单，成功者显性因素的背后通常是很多隐性因素支撑的结果，而这些隐形因素是很难解读和模仿的。文章可以模仿，但风格不可以复制，追求目标定得再好，不可能发生在自己身上也是没有意义的。人达不到目标通常会转而求其次，但这里提倡想办法从避免出现最差的结果开始。次优的目标或最差的结果二者之间有根本的区别,从最差的结果出发,任何变化都能提高个人的效用,同时也更容易聚焦于要改进的要素,结果也更好控制一些;追求次优的目标,与模仿成功者一样,存在很多隐形因素把握不准,结果的可控程度会差一些。另外,从避免出现最差的结果出发也有助于个人的自我完善。从最差的结果中更容易找到问题的影响因素,对人来说就是更容易发现自己的缺点,如果能将自己的缺点一一剔除,即使在社会上自己不是一个成功者,但相对自我也完善了不少。⑤从事情本身的角度出发思考。俗话讲遇事要三思而后行,指出了遇事要多思考,但并没有指出思考的方式。三思我们有一种理解,第一思是从自己的角度思考,第二思是从其他的(如对方、动态的、系统整体的等)角度思考,第三思是从事情本身应该如何发展的角度出发思考。尤其是第三思,往往能让你找到关键问题,找到应该做的事情,放弃身上的包袱,采取正确的行动。人有时候遇到问题会乱找原因,比如研究生和老师之间发生矛盾,结果埋怨到了所做的事情上,最后放弃了真正要做的事情,这就有点本末倒置。正确的是作为一名研究生,该做什么就做什么。从事情本身出发思考,人通常能放得下。

(2)增强自信

人成功时喜欢吹嘘自己的功劳,失败时就想办法逃避责任,从自身以外找原因来解释。通常不能承担自己的责任是缺乏自信的一种表现。人有自信才会觉得自己是一个有能力、有价值、有用的人。缺乏自信,经常会产生自卑、弱小以及无能之感,甚至会丧失基本的信心,感到无依无靠,严重的会变成神经病。生活经验表明,人的自信要求人真正取得点成绩[21]。搞歪门邪道最多只能暂时拥有,无法一直拥有。一个人心怀坦荡,自信就会自然流露。

怎样增加自信,下面几点有帮助:①明确自己的个人中长期和短期目标;②从避免出现最差的情况开始思考,这样显然不会眼高手低,因任何景况对自己都是改进,对自己都是正面激励,因而不会让人有挫折感;③结合自己的情况,反思自己既应该做,又能做的事情,然后力行完成。

4.5 情商的培养

与人打交道有很多技巧,可参考的书也有很多,如卡耐基的成功之道。结合研究生的实际情况,这里主要讲两点,一是注意表达方式,二是多参加学术团体机构。很多时候引起人的误解都是自己表达欠妥。先看两首诗:王建的《新嫁娘词》和朱庆余的《闺意献张水部》❶,两文作者刻划的是一个新婚少妇拜见公婆的疑惑心态,都描写出了新娘的乖巧心计,第一首中小姑是婆婆生养的,食性与婆婆相近,如小姑觉得汤味道合适,就肯定合婆婆的口味;第二首的新娘如出一辙,深怕按照自己的审美情趣进行的精心打扮不合婆婆的意,而丈夫对自己的父母应该是最了解的,所以低声细问自己的夫婿怎么样。在学习中,我们经常需要选择替代指标来指示表征对象的特征,在生活中很多事

❶《新嫁娘词》:三日入厨下,洗手做羹汤。未谙姑食性,先遣小姑尝。《闺意献张水部》:洞房昨夜停红蜡,待晓堂前拜舅姑。妆罢低头问夫婿,画眉深浅入时无?

情又不好明说明问,这种搭桥过河的手法是值得借鉴和学习的。这里尤其需要提及第二首,它是作者考完后写给主考官张籍的,寄意于诗外,诗中新娘的郑重其事和忧虑,表达的是诗人对前程的急切关注和焦虑难安。作者借此诗巧妙地表达了自己打探消息时难以启齿的心意,不得不令人叹为观止。张籍的答诗已是明证❶,于是朱之诗名流于海内矣[22]。这里举这两个例子,并不是期望大家能像吴人张旭见公孙大娘舞剑后,草书功夫就突飞猛进,只是期望大家在遇事时能多想一想,换一个角度方式来表达,也许能起到意想不到的效果。

另外,现在的社会信息传播非常快,环境问题也越来越复杂,一个人靠闭门读书解决环境问题的可能性越来越小,环境问题的解决通常需要依靠集体的力量。因此,需要多参加学术团体活动,认识了解同行,了解他们的工作,而且还要勇于走出去,自己介绍自己,让别人了解你。用学术语言讲,就是要自己增加自己的社会资本,建立与同行之间的联系。

4.6 制定计划,然后力行

找到问题后,需要找到对应的解决措施制定计划并认真地执行,才有可能真正解决问题。中庸中强调的笃行就是指的这个意思。

下面先具体谈一下计划问题:生态经济小组建立之初,小组成员就开始订计划。但多年实施效果并不理想。研究生往往将学习和工作计划当成了例行公事,这是不正确的。学生制定计划,一方面可以方便与老师沟通,让别人了解你,另一方面,也是进行一次自我反思和检查。计划的内容是将来一短时间内预计要达成的工作目标,书面呈现出来不仅可以给自己带来无形的前进的张力(自我实现的预言),而且可以让小组成员明白自己的定位,加强相互之间的沟通和督促。

由于计划对研究生成长的重要性,这里再谈一下怎样的计划是一个好计划?

通常,一个好计划具有如下的特征:

(1)一要有合理的目标,计划要量身定制,既合理又具有挑战性,把握好高骛远及自我挑战之间的协调平衡。如何设定合理的目标呢?可以借鉴前面的思路,从避免出现最差的结果入手,减少自己的毛病缺点着手,想办法把自己能认识到的缺点都去掉,自然就成了一个成功者。除此之外,计划还要具有挑战性,这是为了使自己在工作上或学习上都能有所突破。所以,虽然要避免好高骛远,但也得设定自我挑战的计划。

(2)计划的目标要具体,行动也要具体。只有空泛的目标是没有意义的,所以要把工作计划的目标与内容数字化。例如,预计花费多少时间学得某类技术。有了数字化的工作目标,还要附带有效的执行计划。也就是工作计划的可行性研究,告诉别人或自己按照这样的步骤前进可以实现自己的目标,落实目标时有章可循。

❶张籍答诗:越女新妆出镜心,自知明艳更沉吟。齐纨未足时人贵,一曲菱歌值万金。

4.7 小结

表 7.1 对上述对策措施进行了总结，其中还包括平常总结的一些措施。表中将措施内容与成功的要素对应了起来，并提供了每项措施内容的目的意义以及自我检查评价标准。

表 7.1 生态经济方向研究生培养的对策措施

对应成功的要素	措施内容	目的意义	自我检查评价
逆商 + 健商	从最坏的情形出发思考	增加自信，发现问题	是否想过问题最差的情形
逆商 + 健商	看问题的两面性	为了看问题不偏不倚	是否想过事情的正反影响
逆商 + 健商	制定个人计划，力行	着重克服嫉妒和自卑	目标是否合理，是否可检测
逆商 + 健商	诚的修炼	做人的基本素质	是否想过歪主意
逆商 + 健商	爱的修炼	构建和谐的工作学习氛围	是否怀有同情心
健商 + 逆商	广涉知识	脱颖而出的必要条件	看问题能否入木三分
健商 + 逆商	三思而后行	行动有章法、有节奏	是否决策轻率
健商 + 逆商	逆向思考	认识到问题的完整性	事情反过来会怎样
情商 + 健商 + 逆商	从对方和事情本身思考	认识到问题的完整性	是否从别的角度考虑
情商 + 健商 + 逆商	每年至少外出游历一次	丰富阅历，开阔眼界	是否热爱生活
情商	参加社会学术团体	提高自己的社会资本	是否是“铁公鸡”
情商	注意表达方式	消除不必要的误解	是否想过表达的作用
智商	梳理自己的知识	自己清楚自己	分类总结过自己的知识没有
智商	管理好自己的时间	提高效率的基本途径	是否认识到“块时间”的作用
智商	基础知识训练	夯实基本功	是否认真学习过所列课程
逆商 + 健商 情商 + 智商	每天一小时体育锻炼	人的根本本钱	看身体状况
逆商 + 健商 情商 + 智商	将理论用浅显的话表示	增强理论与实际的联系	是否用学的理论解释生活上的事情

表 7.1 中前 15 项的内容，排列基本是根据研究生阶段遇事时解决问题的重要性程度，并考虑了研究生所具备的基本能力后排列的，具体内容前面大多有解释。需要强调的是最后第 17 条，按将理论用浅显的话表示出来，学会这一点非常重要，因为如果能用学的理论解释生活上的事情的话，不仅可以加深对理论的理解，而且可以有助于提高学习的乐趣。这一点也是检验一个人是否学懂的标志。

5　结语

一个人要成功，首先需要体会，体会就要入局，局中人知甘苦；其次要超脱，超脱就能身处局外，局外人有公论。本文结合作者的学习和实践经验，将对生态经济学的认识与研究生个人的发展结合起来，针对研究生学习期间面对的一些问题，提出了解决问题的思路和对策。需要说明的是，这里提出和采用的对策措施只是说明了一些思维技巧，对研究生来说，最重要的还是读书学习，不读书，读的书不多，这些都是空话。另外，因个人知识，视野的局限性，在很多问题上难免有失偏颇，这是阅读时需要注意的。

参考文献

[1] 徐中民，张志强，钟方雷等译. 生态经济学——原理与应用[M]. 郑州：黄河水利出版社，2007：1 - 331.

[2] 钟方雷，徐中民，张志强. 生态经济学与传统经济学差异辨析[J]. 地球科学进展，2008，23(4)：401 - 407.

[3] Schumacher E F. Small Is Beautiful：Economics as if People Mattered[M]. Harper Collins Publishers，1989：1 - 352.

[4] 杰克逊. 地球危机[M]. 赵娟娟译. 海口：海南出版社，2009：1 - 249.

[5] 罗素. 西方的智慧[M]. 崔权醴译. 北京：文化艺术出版社，2005：1 - 348.

[6] 怀特. 进步简史[M]. 达娃译. 海口：海南出版社，2009：1 - 196.

[7] Daly H E. Beyond growth：Economics of Sustainable Development [M]. Beacon Press，1996：1 - 264.

[8] 徐中民，程国栋. 人地系统中人文因素作用的分析框架探讨[J]. 科技导报，2008，26(3)：86 - 92.

[9] 徐中民，程国栋. 生态经济研究中的整体性视角[J]. 冰川冻土. 2011，33(3)：668 - 675.

[10] 徐中民，程国栋，邱国玉. 可持续性评价的 ImPACTS 等式[J]. 地理学报. 2005，60(2)：198 - 208

[11] 戴蒙德. 崩溃：社会如何选择成败兴亡[M]. 江滢，叶臻译. 上海：上海译文出版社，2008.

[12] 杰克逊. 系统思考：适于管理者的创造性整体论[M]. 高飞，李萌译，陈剑校. 北京：中国人民大学出版社，2005.

[13] 哈肯. 协同学：大自然构成的奥秘[M]. 凌复华译. 上海：上海译文出版社，2001.

[14] 黄茄莉，徐中民，王康. 甘州区社会经济系统水循环研究[J]. 水利学报，2010，41(9)：1114 - 1120.

[15] 尤兰维奇. 增长与发展——生态系统现象学[M]. 黄茄莉译，徐中民校. 郑州：黄河水利出版社，2010.

[16] 茅盾. 论独立思考. 徐中玉，齐森华编. 大学语文[M]. 上海：华东师范大学出版社，2006.

[17] 培根. 培根论人生[M]. 张毅译. 上海：上海人民出版，2002.

[18] 钟雷. 大学中庸尚书[M]. 哈尔滨：哈尔滨出版社，2004.

[19] 特恩德. 复杂社会的崩溃[M]. 邵旭东译. 海口：海南出版，2010.

[20] 叶嘉莹. 叶嘉莹说中晚唐诗[M]. 北京：中华书局，2008.

[21] 马斯洛. 马斯洛的智慧[M]. 刘烨编译. 北京：中国电影出版社，2005.

[22] 孙育华. 唐诗鉴赏词典[M]. 北京：燕山出版社，1996.

8 论科研团队建设

摘要:团队建设是摆在科研人员面前一个非常现实的问题。首先分析了一些历史名人,孔子、诸葛亮、王安石、王国维等人思想、处事的经验和教训,将其归结到“势”的问题上;然后在此基础上,提出了科研团队建设的范式。该范式按见识和胸怀划分了团队成员的类型;提炼了团队领导担负的主要责任,会用势,能知人、权衡,内兼爱交生利,外仁爱;将团队建设的目标凝练为成其大—重视演变形成过程,突出成其大后的拔地通天势。同时还分析了团队成员增加才干、增长见识和扩大胸怀的方式。最后,用中国的发展战略检验了该团队建设范式的有效性。上述研究对科研团队建设有一定的指导意义。

现在是一个交叉学科风起云涌的时代,是需要科研团队解决环境问题的时代。科研团队通常是由不同专长、不同见识、不同度量的人组成,团队如何发展壮大是摆在团队领导、每个团队成员面前的一个现实问题。中华民族能历上下五千年而耸立东方,自有其独到之处。“风月无古今,情怀自深浅”。就团队建设问题,这里抛开西方浩如烟海的管理文献,首先借鉴历史经验,分析探讨了一些历史名人,孔子、诸葛亮、王安石、王国维等人思想、处事的经验和教训;然后在此基础上,提出了科研团队建设的范式,并划分了团队成员的类型,辨析了团队领导的主要责任,明确了团队建设的目标;同时总结了团队成员修炼的内容和途径;最后用中国的发展战略分析探讨了该团队建设模式的有效性。该研究对科研团队的建设具有一定的指导意义。

1 历史名人思想、处事的经验和教训

历史本就是人和事情经验的记录,从中可以借鉴古人的经验,作为自己的参考,效仿或革新之,无意会让自己站在巨人的肩膀上。团队的建设也是如此。这里选取孔子、诸葛亮、王安石、王国维 4 人进行分析,其原因在于孔子是至圣先师,以其为核心的儒家思想影响海内外;诸葛亮被称为智圣,因《三国演义》在中国家喻户晓;王安石是中国历史上经济改革的第一人,被列宁称为中国 11 世纪的经济体制改革家;相比上述 3 人,王国维的影响要小很多,选入的原因主要是因为他提出了成就大事业大学问的 3 种境界,引导了很多科研人员的研究和探索。

1.1 孔子

孔子自宋明以来被尊为至圣先师,为世人所景仰,甚至出现了“天不生仲尼,万古如长夜”的论调。儒家学说是以“仁”为核心、以“礼”为行为规范、以“中庸”为思考方法的治世修身的学说。目前,以孔子为核心的儒家思想对世界各地都有深远的影响。

孔子的理论学说是否存在瑕弊？有，而且是巨大的瑕弊。

(1)忽视演化。孔子尊管仲为仁人，就被苏老泉一句“贤者不忧其身死，而忧国之兴衰”道破了天机。管仲辅佐齐桓公成就霸业，但在其生病的时候，齐桓公问谁能继他为相位，管仲没有推举贤能人士，只是说竖刁、易牙和开方这三个人不可以亲近。结果自己死后，竖刁等迅速活跃而导致齐国迅速衰败。苏老泉因此认为管仲是一个不知道根本的人，那孔子呢？反映到学说思想上，其谋划也显得不够深远，对事情演化的作用力认识有欠缺。孔子游遍六国，嬴政一统九州，生动地点出了儒家学说的弱点。儒家学说强调和，是宗法制和等级制确定后的一种“和”，是一种静态的、有偏爱的“和”，而忽视“和”背后推动时代进步的作用力。儒家思想在统治者确定统治地位后，当然会备受既得利益集团的推崇。而历史却是一个不断改朝换代的过程，首先是形成不同的利益集团，然后与统治集团相互斗争、革命改朝换代，形成新的统治集团。在改朝换代的时候，儒家学说是不适合的。孔子曾花费14年游说宋、卫、陈、蔡、齐、楚六国，没有找到施展抱负的舞台，也没有料到最后嬴政一统九州。雍正皇帝在孔府第二道大门上题写圣时门，认同孟子的看法将孔子视为最识时务的人，言外之意恐怕是孔子的学说最适合维护其统治。

(2)以自我为中心，认识事物片面。儒家思想以人为核心，强调人是万物之灵，主张有节制地利用自然。以自我为中心，但难免缺乏一种胸怀，又怎能与自然和谐呢？最多只能是一种先入为主式的、带等级色彩的表面和谐。以自我为中心，能察觉自然奇伟、雄伟挺拔背后的玄机吗？更多的是忽视天之刚健、地之厚重这些真正永恒的事物吧！站在泰山之颠，而无视脚下这个拔地通天的永恒“圣贤”而小天下。从这个角度来看，怎能是集古今圣贤之大成者，恐怕称睫在眼前长不见者更恰当一些。

1.2　诸葛亮

受《三国演义》的热捧，诸葛亮成了智慧的象征，《诫子书》、《前出师表》、《后出师表》都脍炙人口。诸葛亮真的是无可挑剔的智圣吗？下面从其作品、三国志记载的其为人处事中略作分析探讨。

诸葛亮在战术上确实表现出了其超群的才华，但在战略问题的处理上却存在胸襟不足的问题，蜀国迅速的衰亡，与此应有很大的关系吧。

(1)战略失误。《三国志》记载诸葛亮少年时好为《梁父[1]吟》，“一朝被谗言，二桃杀三士”，说明其年轻时非常推崇二桃杀三士这样的战术。并自比管仲，认为自己有经邦济世之材。前已分析说明了管仲处理问题的弱点，诸葛亮好为《梁父吟》，自比管仲说明其重视战术，历史上记载的诸葛亮战术应用也是得心应手。与此相应的则是对战略问题关注不够。老子说，治大国如烹小鲜，不可以随便扰乱翻动它。何况一个人力物力贫乏的小蜀国，怎么经得住自己五次伐魏的折腾。其继任者姜维，判断力也不够周密，一上来就将魏延镇守汉中时采用的防守战术改为进攻，结果征战多年，却不曾建立功绩，而导致蜀国速亡。从这点上来看，诸葛亮是比不上管仲的。

---

[1]梁父是泰山附近的一座小山。

(2)缺乏胸襟。诸葛亮在《隆中对》中认识到了曹操之所以能以弱为强,是因为有好人才替他谋划,但对为什么曹操有好人才为己用没有深入分析。其深层原因从熟知的史料上很容易找到原因。对人才,曹操是“山不厌高,水不厌深,周公吐哺,天下归心”,这两句是曹操以山海作比,喻用人要唯才是举,多多益善,自己要像周公一样,要热情周到地接待来辅佐自己的人才。诸葛亮则是要刘备三顾茅庐才出山的,其在《后出师表》中论述战与和的辩证关系时,提到过六“未解”。其中第五“未解”大意是,自己驻军汉中以来,已经丧失了赵云等良将70多人,损失了骑兵精锐部队一千多人,这样下去,经过几年,部队就会损失2/3,因此发出了怎么对付敌人的感慨,疏忽了招揽人才成其大的途径。诸葛亮的“静以修身,俭以养德,非澹泊无以明志,非宁静无以致远”,也主要是强调个人的修炼;反观曹操的有吞吐宇宙气象的“日月之行,若出其中;星汉灿烂,若出其里“,不难发现二者气概和胸襟的差别。

(3)见识不足。曹操欣赏关羽重义气的风范,能允许关羽千里走单骑,投奔刘备。诸葛亮知道关羽自视甚高,看不起别人。在关羽写信问“马超的才能与谁可相提并论时”,在回信上答复“应该可以与张飞并架争先,但赶不上髯公的绝伦超群”,搞得关羽后面拿着信到处传阅,助长了其骄傲情绪。“虎女安肯嫁犬子乎”,关羽这些惹来杀身之祸的言论,最终蜀国失荆州这些应该都是事先可以避免的啊!关羽毕竟熟读《左传》,难道一点都听不进劝说,是没有人劝说吧。是见到了原因不劝说,还是见不到而无法劝说,这已经是历史迷团,无从考证了。从其他现象推断,诸葛亮见不到的可能性更大一些。如诸葛亮在刘备准备封黄忠为后将军时,认为关羽可能会不高兴,从而觉得刘备的安排不妥当,曾就此事情问过刘备,但刘备回答是自有解决办法。

(4)知人不善任。《三国志》记载诸葛亮平时爱惜魏延的骁勇、杨仪的才干,常遗憾二人不能和睦共处,但也不忍心有所偏废。然而对后事的安排肯定存在不妥的地方,导致魏延背上背叛的罪名被杀,而诛讨魏延有功的杨仪倒是在后来发过若投奔魏国,自己如何会落到今天的地步这样的感慨。

诸葛亮的个人能力是毋庸质疑的,不然怎么总结得出“澹泊明志,宁静致远”这样个人修炼的警句。在高超的个人能力背后,就是对自己的一种盲目自信,忽略轻视周围的人。但其刚强的精神尤其值得称道。诸葛亮虽知成败难以预料,但仍然鞠躬尽瘁,死而后已,展现的就是一种“天行健,君子以自强不息“的精神。这里只是觉得其胸襟方面有所欠缺而已。

1.3 王安石

王安石是北宋有名的政治家、思想家和文学家,历史上是一个备受争议的人物。苏轼评价王安石“名高一时,学贯古今;智足以达其道,辩足以行其言;瑰玮之文足已藻饰万物,卓绝之行足以风动四方”。王安石的梅花诗:“墙角数枝梅,凌寒独自开。遥知不是雪,为有暗香来。”正是自己具有坚强、高洁人格的写照。其变法因脱离了广大的知识阶层,受到了保守派的激烈诋毁,然而保守派的主要代表司马光也称“介甫文章节义过人处甚多”。但是就是这样的人,为什么变法没有成功呢。

是其见识不深刻吗？显然不是，他的《读孟尝君传》就一反当时的世俗之见，指出鸡鸣狗盗之徒并不能作为国家的栋梁之“士”，见识不可谓不深远。是其刚强有余，而柔弱不足，做事有很多不合乎人之常情的地方。其变法的精神支柱三不足，“天变不足畏，祖宗不足法，流俗之言不足恤”，就是一明证。一个人如果才能突出，通常会勇于相信自己，而忽视甚至轻视周围的人，做事情难免偏激而显得胸怀不足。王安石的《游褒禅山记》不是说世之奇伟、瑰怪常在于险远，要有志有力，又不半途而废才能至吗。这不知警示了多少学子发奋忘食的奋斗精神。然而细心品察，不难发现其中缺少成其大所必需的集体意识，个人英雄敢教日月换新天啊！胸怀不足表现在办事上，一般会是道相同才与谋，道不同不与谋，这样的人肯定朋友少。缺少求同存异的精神，如此怎能得异于同呢？这个世界本来就是纷繁复杂的一个组织体，到底往哪个方向演化，受很多因素的影响，前程路途有很多条，怎么可能只有你设计的一条路呢。有持力蓄势的想法，才能求同存异，否则很容易为小人蒙蔽，导致同而不和。吕惠卿曾是王安石的“护法善神”，但王安石再相时，二人交恶，导致王安石再次罢相，变法彻底失败。王安石晚年退职居住在金陵时，长随手写“福建子”三字，仍对吕惠卿充满恼怒。有人觉得这是王安石充满悔意的表现，实乃不然。因为当吕惠卿后来来信求和的时候，王安石的回信尽管心平气和，不似当政时对待保守派所采用的那种雄辩凌厉的词锋，但信中“不如相忘”的词语还是弃绝之意尽显。聪明人很难看到自身的弱点，确实需要引以为戒啊。另信中“同朝纷纷，公独助我”也暴露了变法处于寡不敌众的位置。

王安石尽管见识深远，但缺少胸怀，他之所以被赶出孔庙，其原因恐怕也在于此。

1.4　王国维

王国维在词学界影响很大，其词的境界说甚至被当成划时代的创立。王国维提出“境界说”来衡量词的高下，并将“真”作为衡量“境界”的标准。他把能否写出“真景观、真感情”作为评价“有”“无”境界的标准，境界又有“有我之境”和“无我之境”之分，同时认为衍生境界的景物有大小之分，但不能将它作为判断境界高低的标准。俞平伯认为王国维能兼顾体会和超脱，此乃人间词话的真价，值得仔细玩味。

细读《人间词话》，有一种以“小”自限的感觉。下面简要阐述一下我们的理解：

(1)“有我”、“无我”皆因有“我”。关于“有我之境”与“无我之境”的讨论，都是围绕我展开的。有我之境，以我观物，故物皆著我之色彩。无我之境，以物观物，故不知何者为我，何者为物。以物观物，还不是有个我在其中啊，至多只是那个我融合到了物中。因此，其关于成就大事业大学问的三种境界的讨论也是围绕“我”展开的，大体是说一个人要站得高，看得远，要发奋忘食，最后就会功到自然成。

(2)以“我”为中心，会滋生自大的情绪，不小心就露出了自己的小。以自我为中心，意识不到周围的“他”的存在，周围的“他”可是与“我”看问题的视角，思考方式都不同的。过于以自我为中心，难免会自大，从而轻视周围的“他”。在评论秦少游词《踏莎行》时，独赏“可堪孤馆闭春寒，杜鹃声里斜阳暮”，因为这符合自己主张的“以自然之眼观物，以自然之舌言情”。苏东坡欣赏其后两句“郴江幸自绕郴山，为谁留下潇湘去”，然王国维指其只看到了表相。不同的人从不同的角度欣赏词,本是仁者见仁、智者见智的事情,没必要褒贬。“吹皱一池春水,干卿何事”,哪些以自我为中心的人,应以此为戒。

(3)以“我”为中心,无论是体会的我,还是超脱的我,看问题难免片面。王国维认为李后主有童心,而且阅世比较浅,能将真性情写入词中,因而能蜚声词坛,然又谓词至李后主而眼界始大。实为自相矛盾,李后主没有亡国破家的经历,能发出“人生长恨水长东”这样的千古感叹吗?开阔视野,增长见识,扩大胸怀,都是一个循序渐进的学习过程。

(4)人类追求的目标不只是真,还有善和美。对真、善、美的追求,是人类得以理解生命价值的人文情怀,也是文明得以传承和发展的精神契机。写得出真景物、真感情是有境界,写得出人与人之间的友善、宽容,人与人、人与物之间的和谐,应该也可算有境界。采菊东篱下,悠然见南山,描绘的是人与自然和谐的画面。诗能入画方为妙,以和谐为美说的应该就是这个问题。

上述4点说明王国维以“我”自限,难免给人“以小自限”的感觉。王国维最终投昆明湖而死,是不是与此有关联,这已难知。有人认为其投水有关气节,文天祥“人生自古谁无死,留取丹青照汗青”,陆秀夫抱幼帝投水而死,那才是气节啊。无疑,王国维在面对困境时,没有像自己作境界说那样入乎其内和出乎其外吧?更没有做到超脱的“他”吧?从事情本身来说,不选择“逃避”,等待时机,就可能对事情的改进做出更多的贡献啊!苟利国家生死以,岂因祸福避趋之。生命比气节、精神更重要,有生命就有证明一切的机会。

1.5 教训总结

孔子、诸葛亮、王安石留下的宝贵财富,在中国基本是耳熟能详的事情,王国维《人间词话》的真价前也已阐明,都不必多言。这里主要对这些历史名人留下的教训进行一个简单的总结。

综合来看,留下的主要教训有两点:

(1)普遍忽略了势的问题。势从字面上来解释,是持有力,是持有事物本身所表现出来的一种趋势和力量。既然涉及力,就有大小、方向之分,主次之别;有形态和性质的差异,有形和无形的区分,如弹力、摩擦力、引力、电磁力等;有作用范围和时间的区别,有些力是局部的作用力,如摩擦力,有些是覆盖地球的作用力,如电磁力;有力的转化,如机械力转化为电力;力的演化以及力的合成等问题。现实生活中,除了物理学家,很多面临的力都是以无形的形式存在的,因而要想在辨识出来的基础上运用自如,确实非常困难。从力的角度来看,上述历史名人留下了哪些教训呢?如孔子的儒家学说主要是处理现有等级体系下的摩擦力问题,但未涉及力的演化问题等。对照前面的分析,其他历史名人留下的教训是不难对照出来的,这里不再赘述。对势的忽略,容易导致以静态的观点处理问题,从而重视局部力的对抗,而忽视力的演化等问题。通常讲的战略和战术的区别、道和术的区别,可能就在于此吧。

(2)过于以“我”为中心。过于以“我”为中心,也是忽视“势”的一个根本原因。以我为中心,导致容易为“我”看到的力所蒙蔽,不容易发现周围其他的“力”,从而很难谈得上如何用力的问题。

细心品察上述两点,看不到势可以归于我们通常所说的见识不够,以自我为中心可以归为胸怀不足。见识深刻,一个人就会觉得天下没有什么不能顺从接受的处境,再大的困境也能找到周围的力来摆脱;胸怀宽广,就会感到世间没有什么计较的私事,与周围环境中的人相处就会缺少摩擦力,从而达到和谐。因而,将见识和胸怀作为后面构建团队建设模式的根本出发点。

2　科研团队建设的范式结构

根据上述分析,以势的问题作为切入点,图 8.1 勾勒了科研团队建设的范式结构。其主体由团队成员的类型、领导集体的主要责任、成其大后表现出的拔地通天势 3 个部分组成。其中,因科研团队成员大多具有各自的才干,因而这里只是从见识和胸怀两个角度进行了区分;团队领导集体的主要责任,区分了势、知人、权衡、兼相爱交生利、仁爱 5 种,其中知人、权衡等实际上都是势所包含的内容,但为了让内容具体,故也列示在一起;成其大部分主要是强调团队发展壮大后所表现出的拔地通天势,突出强调团队永恒的一面。下面对此逐一进行简要阐述。

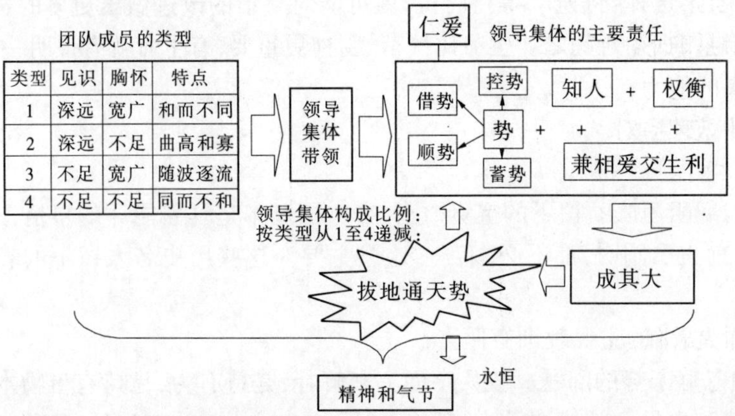

图 8.1　科研团队建设的范式结构图

2.1　科研团队的成员类型和特征

人的见识和胸怀是差别很大的,有的人会被眼前的事情所蒙蔽,有的人却能见微知著,洞悉未来。因为表面的现象下有隐藏的趋势,公开的事实背后有隐藏的事实。一个人要想把握事物的根本,不能不增长见识。人各有思,人各有势,人各有尺,人各有度,团队要发展壮大,团队成员不能没有胸怀。

根据见识(等同于个人能力)和胸怀,大体可以将科研人员分为 4 类,第 1 类是见识深远、胸怀宽广,他们在处理问题时大多能做到和而不同;第 2 类是见识深远但胸怀不足的,他们在处理问题时大多会表现出曲高和寡;第 3 类是见识不足、有胸怀的,实践中他们经常能做到随波逐流;第 4 类是见识不足、胸怀也不足的人,实践中他们经常表现为同而不和。现在情况与以前不同,问题的解决大多需要团队的努力。墨子悲染丝,科研团队何去何从,方向非常的重要,方向的确定主要取决于领导集体。通常领导集体的构成比例会按照成员类型1至4递减,也就是核心领导大多是见识深远、胸怀宽广者,其他次之。

需要注意的是,上面的团队成员类型划分不是固定不变的,团队成员通过修炼,其类型是会发生变化的。

2.2 团队领导集体的主要任务

领导集体需要具备的技能主要有审势和用势、知人、能权衡、会爱4点,其中爱根据团队内部与外部的差异,又分为兼相爱交生利和仁爱2种。

2.2.1 势

针对团队发展所处的阶段和外部环境条件的不同,势又有借势、顺势、控势和蓄势的区别。起步阶段的团队需要蓄势,发展壮大了的团队需要控势,良好的态势要保持,恶化的趋势要扭转。根据外部环境条件的变化,还存在借势和顺势的问题。借势发展则事半功倍,顺势而为则顺风满帆,逆势而为则事倍功半,甚至徒劳无功。势的问题非常复杂,由于存在的势都是隐形的,其识别对团队领导的能力提出了很大的挑战。领导者若无见微知著预知未来的能力,无法辨识势的存在,更不用说清楚势的状态,演化的方向、大小。同时若无高超的处理应对事情的技巧,也无法很好的利用势。要用好势,知人、会权衡和会爱都是需要掌握的技巧。

势的引入说明团队的发展存在演化的方向问题。

2.2.2 知人

领导能知人善任,才可能让各种人才各就其位,带领团队发展壮大。

首先是知人的问题。"试玉要烧三日满,辨才要待七年期",知人之难,古今皆然。人才的识别存在很多似是而非、以假乱真的现象,如有口若悬河而腹中无物者,有貌似谦逊而实际上狂妄自大者,有说一套做一套者,如此等等不一而足。对各种隐含"力"的把握,当然需要识人者深刻的见识,也需要其宽广的胸怀。因为识人者本身的素质对人才识别有很大的影响。现实生活中就经常能见很多人发出怀才不遇的感慨。世有伯乐,然后有千里马,千里马常有,而伯乐不常有。为什么这样呢?因为只有视力相同的人才能相互看得见,听力相同的人才能相互听得见,志趣相同的人才能走到一起来。因此,尽管有察言观色、观其行、考志、询问群众等很多考量办法,但在识别人才的时候,识人者除了需要深思熟虑、谨慎从事外,更需要不断修炼,提高自身的道行。

第二是善任的问题,善任除了量材使用、合理配置外,还有一个使用的时间问题。苏东坡《论养士》讲的就是这个道理。秦始皇得益于李斯的《劝谏客疏》,将士人收揽在身边,故能成其大,然统一六国后,焚书坑儒,将士人赶到各地协助造反,导致秦经二朝而亡。团队领导应该吸取这样的经验教训。前面关于团队成员的类型讨论来看,团队成员不一定能迅速地展示出有用的才能,他们的去留决策,确实会对团队领导提出更高要求。

2.2.3　权衡

领导者在事物情形、形势发生变化时，能权衡利弊，变通法则，才能适时甚至提前应对。好的管理办法和人才，每个时代都不缺少，关键在于领导者能否正确选择和合适运用。人在处理问题时，习惯性的思维是直线思维——非此即彼，很难综合彼此对立的观点。《东周列国志》中慎子智用三大夫是采用发散思维，将矛盾对立的观点“各种力”，巧妙组合后合理运用的经典例子。这种例子有很多，很值得借鉴和学习。当然这对团队领导的个人能力提出了更高的要求。

2.2.4　爱

爱是和谐的标志之一，其主要作用是减少团队内部的摩擦力。会爱主要指会利人，爱人的方式有两种：一种是中国儒家传统的仁爱，仁爱是一种等级体系和宗法体系的爱，根据亲疏贵贱的不同施予不同的爱。第二种是墨家的“兼爱”，强调爱没有差别，是一种广泛的“博爱”，也就是爱人如己。由于中国人深受儒家思想的影响，社会等级观念比较强，这里将团队领导与外界交往界定为仁爱，主要是指团队领导与外界交往要保持低姿态，避免因个人言行不当而影响整个团队的利益。将团队内部界定为博爱，也就是团队内部如果打破等级观念，更容易催生团队的创造力，管理理论中扁平式组织的效率高于等级体系就是其理论依据。人在社会上生存下来，物质保障是基础。团队成员之间的交往互利是建立和维持平等和谐关系的基础。这里不能重义轻利，要将义利观等同起来，建立“互利”的原则，落实到具体的行动中去。

隋文帝统一中国，是中国历史上第一次多民族的统一，功盖千古。其个人具有很多优秀的品质，如知人善任、崇尚节俭等。然而他个人的美德崇尚节俭，也要求大臣们都这样做，没有做到兼相爱交生利，弄得边上没有人想当官。这恐怕也是隋朝只经二朝而速亡的原因吧。

2.3　团队建设的目标——成其大

团队领导如果具备上述技能，是不难带领团队成其大的。何谓成其大，不同的人有不同的理解。道家强调个人内省，主张清静无为，顺应自然规律，佛教主张超脱生死轮回，这两派强调出世，都有消极避世的意味。强调入世的儒家也强调自我内省，其中儒家经典《大学》对成其大给出了明确的解释：大学之道，在明明德，在亲民，在止于至善。墨家也强调入世，强调在“兼爱”的基础上，追求一种“大同”的社会。道家、佛家和儒家对成其大的理解主要是集中在个人身上，这里采用的概念更接近墨家的理念。

团队建设的目标成其大，这里定义为循序渐进地形成拔地通天之势，主要是突出团队演化中永恒问题。其中“大”指团队能展现出一种拔地通天之势，上效仿天之刚健，团队成员能自强不息，下效仿地之柔顺，团队成员能厚德载物。“成”说明要重视演化的形成过程，反过来也说明需要重视“分化”作用和机制。团队建设要长盛不衰，需要重视成其大后所产生的永恒的力量。团队拔地通天后，自然会产生会当凌绝顶的豪迈之势，传播自强不息、厚德载物的精神,富贵不能淫、贫贱不能移、威武不能屈的气节。这样的精神和气节既是支撑上述成其大过程的核心支柱,也是支撑团队永恒的势,需要长期的保护和维持。

2.4 几点说明

为了更好地阐述清楚上述团队建设范式,还有几个问题需要说明。

(1)重视对象问题。该范式提倡的重视对象是团队成员,从"兼爱"的角度来看,团队领导只是立了个名,"实"在也是一团队成员。是团队成其大,而不是团队领导集体成其大。从该范式来看,团队领导实际上比普通团队成员承担更多的责任和义务,相应地可能需要多获得一些利。

(2)重视物质还是精神的问题。该范式提倡重精神和气节,但并不否认利的问题。从团队领导的主要责任包含"交生利"来看,团队拔地通天后产生的是利天下而非小天下,这也是团队成其大后的长久机制之一。

(3)成其大是可致还是可求的问题。由"成"可以看出,成其大是一个循序渐进的过程,增长见识、扩大胸怀,以及势、知人等问题,很多都是隐形的问题,其发现或调控都需要经过团队长期的磨合和实践,并不断修炼修正后达到的结果,因此可致而不可求。这里单列出此问题是为了突出说明传统文化中也有很多是需要扬弃的。

(4)成其大是一个没有止境的问题。团队成其大后,势也发生了变化,目标手段等都会随之而变,因此成其大是一个没有止境的过程,所谓的永恒也是一种动态的永恒。

3 团队成员的修炼

3.1 增长才干

对科研工作者而言,各有各的才干,自不用多言。科研人员增长才干有两点:首先是志当存高远,这要求能静下心来,排除现代社会中的一些干扰,根据自己的情况确定自己的目标。诸葛亮的静以修身、俭以养德,非澹泊无以明志、非宁静无以致远是很值得学习的警言。其次是要有力,有目标还要有发奋忘食的精神。王安石不是说世之奇伟、瑰怪常在于险远,要有志有力,又不半途而废就能至吗。这两点说的是,科研人员要能静下来搞学习。这里尽管说得少,但这是团队建设成败的根本。

3.2 增长见识和扩大胸怀

人的前程路不可能是一帆风顺的,前程路上有几多坎坷。要迅速摆脱开困难和挫折,要成其大,没有深刻的见识、宽广的胸怀是不行的。

如何增长见识,如何扩大胸怀呢?"读万卷书,行万里路"就是增长见识、扩大胸怀的一种很好途径。读书肯定是增长见识的一种最基本的手段。然而培根认为"书并不以用处告人,用书之智也不在书中,而在书外,全凭观察得知",孟子也说过,"尽信书不如无书",讲的是不能死读书,还要会思考,否则怎能发人所未发。怎样思考呢?很简单的,站得高看得远啊,像竹林七贤中的刘伶那样,天当房,地当床,以日月为眼睛,万年为一瞬,就是一种很好的思考问题的出发点。当然,针对团队建设来说,光像超脱的刘伶这样来看问题可能并不行,还需要化身其他的刘伶来看问题,思考问题。同时不要忘记了山高是以地厚为本,要站得高,书读得少不行。具体如何思考,系统思考的著作现在已是汗牛充栋,到处都可以找到,这里就不作介绍了。

光闭门读书,搞科研很容易让人关起门来称大王,妄自尊大,从而表现出心胸狭隘来。培根称书中有毒素,其道理也在于此。这一点通常在一些见识深刻的人身上表现得尤为明显。

出游也是增长见识和扩大胸怀的一种途径。现在网络发达,读书人不出门好像就可知天下事。不然,纸上得来终觉浅,绝知此事要躬行。人世间写在纸上的道理,怎能和乾坤中阴阳的奥秘相比,何况天地有正气,园林无俗情。出行可以帮助一个人了解自然界的雄伟壮阔,让人感到自己的渺小,从而起到开阔胸襟的作用。另外,要开阔胸襟,需要理解"爱己"和"爱他"的关系。其实,"爱己"和"爱他"之间原本只是隔堵墙或隔层纸。心胸的狭隘与开阔之间也是如此。人心显得狭隘主要是因为被私利或个人的喜好所蒙蔽,拿开就会豁然开朗。科研人员要成其大,是必须将这堵墙砸开,这层纸拿开的。另外,"爱己"和"爱他"本身之间也存在辩证统一的关系,爱他就是方便他,他反过来就会方便自己,爱他也就是爱自己啊!

4　模式的检验

为了检验该模式的有效性,这里用来分析一下中美关系——顺势而为与控势。

今天的中国,美元外汇储备位居世界第一,超过了 3 万亿美元。这么多,现在很多人担心外汇储备的安全,而且担心中美之间是否会发生战争。这里结合中国改革开放以来发生的几件主要历史事件:1972 年尼克松访华、1978 年中国开始改革开放、2011 年美国爆发债务危机,用团队建设模式来分析一下。

1972 年尼克松访华,他来干什么呢?从尼克松访华的国际形势可以发现端倪。1971 年,美国开始建立后布雷顿森林体系,用美元本位代替美元与黄金的双本位,美元从此与黄金脱钩,成为国际储备货币。汇率制度有美元与黄金之间的固定比例变成以自由浮动为主,资本可以自由流动。这样的国际收支安排,使得世界各国为美国生产商品、提供劳务,并强制各国所获美元只能购买美国国债,而各国拿回借条。美国要建立这种新的国际货币收支体系,需要世界主要国家的参与,特别是人口大、市场大的中国的参与。如此,尼克松的访华伸来的就是"橄榄枝"。对此,党和国家领导人顺势而为,于 1978 年主动改革开放。经过 30 多年的改革开放,在取得巨大成就的同时,也带来了很多问题。比如现在美元外汇储备达到了 3 万亿美元,面临美国巨大的赖账风险,国内资源环境条件恶化,收入差距的扩大等。党和国家领导人在 21 世纪之初,就清醒地认识到了这一问题,开始控势走科学发展的道路。反观美国,现在却面临前所未有的信用危机,举国上下举债14万亿美元,粗略计算,就是美国每个家庭(3口人)大概负债100万人民币左右。怎么办呢?除了穷兵黩武,就是国家全面破产,没有其他的出路。不还钱,那是赖账,如果还打,那就变成了泼皮啦,何况泼皮能打胜仗吗?

中美关系的演化,中国应该是顺势而为,而且会控势;反观美国应该是不懂势。造成现在这样的格局,中国之所以处于有利的地位,究其根源,是华夏民族勤劳的品质起了根本的作用。

5　结语

2011年7月,程国栋院士就徐中民个人的问题,指导前往泰山一游,提高修养。本章是登泰山后的感想,这里记录下来,作为与先生17年师生情的一种见证。

过去,我一直为在先生的带领下工作感到光荣和自豪,但是是睫在眼前长不见。现在此感尤盛,只是转成了道在身旁更何求。今后,希望能继承拔地通天利天下的精神,能为生态经济的发展贡献自己的一份力。

山不矜高自及天,水为能下方及海!有师如斯,如坐春风。

注:本章参考文献均为大众熟悉书目,在文中多已说明出处,在此从略。

第四部分

总结和展望

导读Ⅳ

在知识风起云涌的时代,科学研究尽管五花八门,但其中也存在共性。哲学大师波普尔认为"科学研究是一个不断证伪的过程",应该是对此共性最好的总结。用通俗的话讲,很多科研活动就是在重复上演着"旧壁又见新题"的故事。是什么力量支撑科研工作者如此呢?对科研工作者来说,这是一个必须思考和回答的问题。"事业文章,随身销毁,而精神万古长青",我们认为答案应该就在于此。在科学研究过程中,唯一能够源远流长的,支撑科研活动螺旋式上升的,应该是横亘其中的科学精神。

第四部分收录了徐中民的2篇文章,阐述了科研精神及其继承发展问题。第9章《风行水上——论科研人员的道》采用记叙的方式,结合风行水上过程的描述,详细阐明了前8章思路的源泉。并在此基础上,总结提炼了科研人员之"道":科研人员要成其大,一要有十年铸一剑的精神,二要有江海纳百川的气度。通过理论与实践工作的总结,此章将科研人员的工作从科学探索推向了科研精神传承这一更高的层次。第10章《幸福之路——生态经济涣有丘的序幕》主要阐述的是,团队成员如何通过修炼走上科研人员之道,并继而走上幸福之路的问题。将科学精神与幸福生活以及生态经济小组的发展联系起来,阐明了科研人员如何从事幸福的科研工作,并确定了生态经济小组沿科研人员之"道"发展的方向。

最后,希望科研人员能重视科研精神传承的问题,在科学探索的道路上能走好自己的每一步。

9 风行水上——论科研人员的道

摘要:科研人员在人生演进的方向上是否存在共同的“道”? 针对这一问题,本章介绍了自己在程国栋先生带领下修炼得到的体会。首先介绍的是与先生17年“因缘和合”中对“风行水上涣”的诠解;其次阐述的是自己从先生快哉雄风中听出的科研人员之“道”:成其大——养浩然之气。具体为一要有十年铸一剑的精神(阳),二要有江海纳百川的气度(阴)。接着阐述了科研人员求道的要点,分十年铸一剑、正确应对妖魔鬼怪、防止走火入魔、打掉魔头四个阶段进行了阐述;同时介绍了自己求“道”的几点体会。最后讨论了对读书的理解,以及拟采用的生态经济小组建设模式。这里的阐释对科研人员个人的发展具有重要的指导意义。

“石居虎哮龙吟处,人处荷香水影中”。一眨眼,在中国科学院寒区旱区环境与工程研究所的春风中荡漾和沐浴了17年。期间,我思想感情的潮水一直在放纵奔流着,有时高歌猛进,被人笑颠狂;有时悄无声息,恰如山岳潜行;有时随波逐流,又显自由自在,一直享受着“风行水上”的快乐。这些天,突然浩然气翻涌,感觉听到了风中的天籁之音,听出了快哉雄风的“道”。从而产生了一种冲动,也急着风行水上一番。但我最急于告诉大家的,是我思想感情最重要的一段经历,这就是:在与导师程国栋先生“因缘和合”17年的“风行水上”戏耍中,听到的他的快哉雄风之“道”。

对科研人员来说,“道”是个既遥远、又沉重、更神奇的概念。在知识探询的过程中,不仅需要打掉各种妖魔鬼怪,还要防止走火入魔,然后拾阶而上,直到最后打掉“魔头”,才能通关。这是一个渐悟的过程,只有循序渐进,在不断渐悟的基础上,才可能有最后的顿悟。下面就让我带着大家走进这幅长长的风行水上画廊,一起欣赏下其中的美景,感受其中的快哉与荡漾。如有雅兴你也可以采下画中那轮松间明月,品尝品尝。

1 风中有朵雨做的云

2011年9月中旬,在国家基金委流域科学计划答辩会上,我展示了一张与科研人员求道有关的演示文稿,主干内容取自表9.1。针对该张演示文稿,不同的人有不同的看法。根据与同行的交流和观察答辩时专家组的反应,这里将看法分为4类:①拍马屁;②漠不关心;③有自己的东西;④享受型。第①②种看法非常自然,因为他们是从实用主义角度来看的。第③种看法是科学家的看法,他们是从真的角度来看的,尽管有思路的东西不一定是伟大的创造,但肯定不是拾人牙慧的垃圾产品。第④种看法当然是自己的看法,这张演示文稿是这些年和程国栋先生一起绎思挥就的风行水上缩略图。由于这张演示文稿是在申请课题答辩的时候拿出来的,难免跟孔方兄沾边,加上信息不对称,想到拍马屁是非常自然的。自己设计这张演示文稿,期望其发挥实用主义的作用主要有三:一是回答团队的问题,生态经济小组本身并不弱小,程先生尽管隐身,但不折不扣就是生态经济小组的一名团队成员,这里只是请他到前台来露下面;二是提醒专家组成员认识到揭示隐含关系对生态经济研究的重要性,隐含关系往往是主导事情演化的主要力量;三是依据规划的新理论回答张掖搞湿地建设的问题。但这也不是这张演示文稿的真正的目,真正的目的是:悄悄告诉风,风中也有朵雨做的云,他已经可以开始知道风的方向啦!

表 9.1 风行水上的过程及产生的涟漪

阶段	快哉阵风	与水相遇	产生的涟漪
Ⅰ 研究生期间	①到科学院要全靠自己,多学数学	成功要靠自己的努力和尊严去换取,后面碰到困难和挫折时能想起靠自己	能笑傲困难和挫折。硕士期间学了一些数学知识,论文被引频次曾列地理学科口全国第一(10 年**)
	②做科研要耐得住寂寞	要能抵抗诱惑	能静下来,坐下来(一直)
	③刀片与斧头的故事	厚积而薄发	学科建设知识的积累(一直)
Ⅱ 工作到 成为研究员	①学习《第五项修炼》	要搞团队建设	相互欣赏是本(11 年)
	②鹰和鸡的故事	潜伏等	听出了雄风之道(9 年)
	③讲自己的话,讲真话,讲有用的话	搞自己的科研成果	提出了可持续发展评价的新等式(2 年)
	④铁打的营盘流水的兵	做人要有根	成了黑河研究的钉子户
	⑤能反思善莫大焉	反思重要	总结了三思的思考方式(当年);研究生写计划和反思总结(一直)
	⑥人生路漫漫,关键处就几步;文章连篇累牍,有用的就一两页	抓问题的根本	提倡生态经济研究采用整体性视角,重视研究隐含关系。(6 年)
	⑦有教无类,孔门七十二贤	教学相长,精神的传承	生态经济小组培养了 50 多名博士和硕士(一直)
Ⅲ 研究员至通关	①往后看 20 年就可以当皇帝	要有开阔的视野	总结了生态经济学科的演替范式(3 年)
	②十年铸一剑	作自己应该做,能做,又能坚持做的事情	从历史经验、现实情况、发展结果等方面更新了规划思路(10 年)
	③智商、情商和健商	事情要分类,面对的问题也要分类,解决思维方式要灵活	总结了生态经济学中的思维方式,提炼了个人的修炼方式(10 年)
	④放弃是一种智慧	放也是拿的一种方式	放下了家庭纠纷的负担(3 年)
	⑤王选院士的故事和五个馒头论	正视钱的作用;不能贪婪	课题经费交给了小组成员钟方雷负责;因担心作茧自缚放弃承担过"973"专题项目
	⑥江海纳百川❶	要有开阔的胸襟	提炼了团队建设的势理念(6 年)
	⑦到泰山去看看	去无字处读书	

注:**表中第 4 栏中括号内的数字是风吹到产生涟漪之间的时间。

❶ 实际上先生讲的是"海纳百川",为了与"十年铸一剑"对仗,更改成了"江海纳百川",特此说明。

下面就拉开这张长长的风行水上画卷。17 年间,先生一直对生态经济研究给予了高度的关注和大量的支持,并亲自参与和指导了生态经济许多方向的研究工作。尽管在生态经济小组成员的努力下,也取得了一定的成绩。但这些不是画中要描述的,因为它们属于技术范畴,相对比较容易掌握和控制。画中讲述的是先生的快哉雄风,讲述的是风如何在生态经济水池中荡起的一片涟漪,讲述的是水听出的快哉雄风之"道"。

2 风行水上

为了描述方便,大体按时间顺序分研究生期间、工作到成为研究员、研究员到现在三个阶段列示。先生的很多雄风是当着同门师兄弟吹的,当着其他领导的面吹的,只有部分是对我一个人吹的,如第Ⅰ阶段的①②③阵风,第Ⅱ阶段第④⑤⑥阵风,第Ⅲ阶段的③⑦阵风。

事实上,各阵风之间有紧密的联系,原本都来自先生一人。但为了清楚,大体按时间顺序,分阶段逐一详细解释其中的风水交融过程,详见表 9.1。有意思的是,这里总结的先生的快哉雄风是 17 条,至今与先生的师生情也是 17 年。

2.1 第Ⅰ阶段

这是研究生阶段,先生的风比较少,但是最快哉之雄风。

第①阵风是"到科学院要全靠自己,要多学数学"。这阵风是 1994 年我硕士刚入学时讲的,意思很简单,但有很深的哲理。靠自己,是啊! 一个人的成功要靠自己的努力和尊严去获取,命运好坏不由己,努力奋斗靠自己。每次人生遇到困难和挫折的时候都能想起这句话。多学数学,在硕士期间,我在兰州大学学了大概二年半的数学知识,具备了一定的数学基础。相比当时大多数人文地理的科研人员来说,这是一种优势,因而得以在工作期间能快速地模仿学科前沿的研究成果,2000 ~ 2005 年间发表的科技论文,被引用频次曾在 2007 年和 2008 年列地理学科口全国第一。

第②阵风是"做科研要耐得住寂寞",也是我硕士入学的时候讲的。要耐得住寂寞,当然就是说要能抵抗诱惑,实践的结果是自己能静下来,也能坐下来,做自己的事情。需要说明的是,此阵风也是后来能将第③阵风"刀片与斧头的故事"演绎下来的原因之一。

第③阵风是"刀片与斧头的故事",是 1999 年春节我博士毕业前讲的。这个故事我记载在博士论文的致谢中。故事很简单,"刀片只需磨,但只能割纸刮须;斧头背厚需要锤,但能砍树"。故事的大意是指,在人生的旅途中,现在走得慢点,但只要这种慢是一种养精蓄锐,会使自己走得久,走得稳。提醒人不能计较一时得失,人生最后是要看谁走得远。这个故事理解不难,难是难在执行上。11 年来,生态经济小组就是按锤斧头的模式进行的学科建设,其效果见图 9.1。现在,资料室收集了各种书籍 2000 多册,其中有近 400 册外文书,同时翻译了外文著作 11 册,出版专著 5 本。

需要说明的是,在锤斧头的过程中,由于入了局,在锻炼自己能力的同时慢慢锤出了意境,根据珍藏本《日出其中》和《疏影暗香》的书名,道出的"日出其中高士卧,疏影暗香

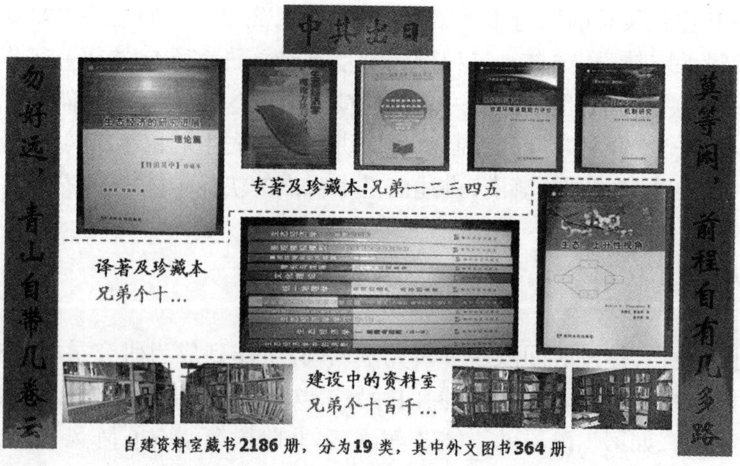

图 9.1　刀片与斧头吹起的涟漪图

美人来”❶就是对这一过程的体会。同时写出了生态经济小组的座右铭：莫等闲，前程自有几多路；勿好远，青山自带几卷云。座右铭的含义在求道的体会中会详细解释。另外，需要说明的是，这个故事对后面开阔视野是有帮助的，当可称为雄风中的劲风之一。

2.2　第Ⅱ阶段

这阶段是博士毕业参加工作至成为研究员期间。

第①阵风是“学习《第五项修炼》”。2000 年，我第一次带生态经济小组到黑河野外考察回来后，针对我缺乏组织管理能力，先生给的“批评礼物”。书是看过不少遍，五项修炼口诀也到处挂、到处讲，自己翻译的书、出的书上有，展板上也有，生态经济小组成员基本上都背得。但是实施效果不好，现在生态经济小组是越搞越小；知道换位思考，但实践中却很难实施。原因何在？现在才知道，团队建设最根本的所在是要会欣赏对方，只有这样才能换位思考，这个花了 11 年时间，称得上“精华”的答案后面在求道的体会中还会谈到。

第②阵风是“鹰和鸡的故事”。故事也很简单，“鹰有时候飞得很低，但鸡总飞不了鹰那么高”。对这个故事我有 3 种理解，第一种是以鹰自诩，潜伏在鸡中，在适当的时候展翅高飞，快哉快哉！然而一旦想展翅的时候，却不知道风从那个方向吹，只好又回去做自慰的“化装”的鸡。第二种是做一只聪明鸡。利群的广告词不是说“人生就像一场旅行，不在乎目的地，而在乎沿途的风景，以及看风景的心情”吗。是啊！“漫道浮生皆是梦，男儿何必尽成功”，做只聪明鸡也未尝不可。聪明鸡当然不是那种搞户外运动的所谓土鸡，更不是饲养场关在笼子里的肉鸡，而是那种不中主人“养鸡纵鸡食，鸡肥自烹之”的好计，少搞鸡飞蛋打的事情，不时搞搞户外运动的悠闲的野鸡。第三种是半桶水不要乱起浪，边上可能有鹰呢，被他看见笑话“满瓶不动半瓶摇”那可不是什么好事情。这阵风执行并不

❶ 化自明代诗人高启《梅花九首》其一中的“雪落山中高士卧，月明林下美人来”诗句。

好,源于有时自大,经常将自己当成了鹰,而难免放纵忘形,结果就遇到第一种理解的情况。对这个故事,我进一步的体会是:要做鹰,就一定要知道风从那个方向吹,不然怎么乘风破浪。对科研人员来说,要知道风从哪个方向吹,就要求道;而且要知道潜伏,不要轻易出动,否则一出来就穿帮,被人嘲笑成假鹰真鸡;另外,做鸡也要做只聪明鸡,做聪明鸡就要增长见识。现在想来,正是这二种想法的融合,听出了快哉雄风之"道"。由此可见,此阵风也是劲风之一。

第③阵风是"讲自己的话,讲真话,讲有用的话",只看内容就知此阵风当为劲风。这阵风是先生在吃饭的时候,因厌烦繁文缛节的程序讲的。那时候当然轮不到我讲话,想到的是如何将先生提倡的"自己、真、有用"应用到自己科研工作中去。科研工作怎么搞出自己的东西呢?当然首先要能挑刺,发现别人的不足,在此基础上能想出办法弥补,就会有自己的东西。吹这阵风的时候,自己正在研究生态足迹。生态足迹概念当时风行一时,存在什么问题吗?自己经过仔细琢磨,发现了经验事实与理论推理结果之间的差别,从而增加考虑了社会资源在环境影响评价中的作用,提出了可持续发展评价的新等式,见第一部分第1章。此文曾往《Nature》杂志投稿,得到过审查意见。尽管因为不能定量衡量社会资源的作用而落选,但现在看来,这篇文章对自己还是具有一定的作用。当时在考虑社会资源的作用时,只是从发展中国家的角度思考的,受自我见识的约束,加上血脉里本就有"华夏不治夷狄"的思想,只想到了社会资源缓解和适应环境影响的能力,就是没有想到把环境压力转给其他国家。如果反向思考,肯定就会知道发达国家社会资源的作用,它具有一种转嫁环境影响的能力,是一种无形的抢夺发展中国家资源和环境的能力。现在世界的经济和环境格局应该清晰地表明了这一点。美国一教授讨论转嫁环境压力的文章现挂在国际生态经济杂志引文榜的第5位,其出版时间是稍后于风水相合的这篇中文文章的。二者的区别只是美国教授从美国的角度考虑的,我们的是从发展中国家的角度考虑的。说这么多,是不是觉得遗憾呢?不是的,因为现在已经有了更高的合二为一的想法,将转嫁和抢、缓解和适应理解成阴阳等不同等级、不同大小的气,然后大而化之去找和的途径。

第④阵风"铁打的营盘流水的兵",是2004年我在日本正确处理了所内学生之间的矛盾时,先生来信中的要点。对此,我理解成了,做人要有根,如果漂如浮萍,只能经常感慨"关山难越,谁悲失路之人;萍水相逢,尽是他乡之客",科研工作当然也一样。尽管还有很多其他的因素影响,如第Ⅰ阶段的第②③阵风,第Ⅲ阶段的第②阵风等,但这阵风是促使我将黑河当成自己营盘的一个重要原因。

第⑤阵风"能反思善莫大焉",它的出现有一个故事。2004年初,所内因拟延长博士生在学年限,引起学生一片哗然,当时我在日本,也在所网上跟风,将所领导责备了一番。先生就此事写信进行了提醒,我知道了不足,并就此写了反思总结。"能反思善莫大焉"就是先生阅过反思总结后回信中的要点。由于得到了先生的肯定,所以知道反思对人的重要性。记得当时就将三思而后行中的三思解释成了三种思考方式:从自己的角度思考,从对方的角度思考,从事情本身角度思考。而且,后来要求自己的研究生年底写反思总结,年初写计划,这一直执行到现在。

第⑥阵风"人生路漫漫,关键处就几步;文章连篇累牍,有用的就一两页",是劲风之一。是2004年初我写从第③阵风衍生的文章时,先生鼓励信中的话。“问渠哪得清如许,为有源头活水来”! 此阵风也好理解,就是抓问题的根本。同时,此阵风揭示了第③阵风“搞真正有用的东西,搞自己的东西”的方向。结合第③阵风,自己首先做的就是开始减少了论文的步伐。是啊!“倚马休夸速藻佳,相如终究压邹枚。物需见少方为贵,诗到能迟转是才”。搞那么多拾人牙慧的东西干什么? 搞一般的SCI论文也是如此,找到一个外国教授,先拜倒在他的石榴群下,然后按他工作的方法在中国收集一些数据,最多和他比较差异,写成英文请他修改,然后就很容易发表。正因为认识到了这一点,自2005年起我文章是越来越少,写作风格也开始发生了明显的变化,非常注重实质。有意思的是,我以前没有想法、模仿国外的文章竟然位列过地理学科口被引频次全国第一,后面的中文文章基本处于无人问津的状态。当然这不是说模仿不重要,后面将反复说明这其实是科研人员求道非常重要的一步。

此阵风吹来后,因与第Ⅱ阶段第②阵风做“聪明鸡”的想法有相似之处,我开始非常重视抓问题的根本。但怎么抓问题的根本呢? 这是一个非常复杂的问题。“事多似顺而倒,似倒而顺”,分辨出表面合理的事情其实不合理,表面不合理的其实合理,当然非常困难;世间人事的变化,情理形势的因果关系,原本就抽象渺茫而难以理解,千变万化而难以预测;而且认识事物还会受自己的主观偏好、利害得失所左右。我的理解是首先要静下心来,才能感外物而后知;然后尽量摘下自己的那幅有色眼镜,减少个人主观的蒙蔽,同时尽量不要成为屁股指挥脑袋的怪物;最后,要在辨析事物演化规律的基础上,审查事物变化的征兆,常说的见微知著就是指的这一点。见微知著需要思维方式非常灵活,关于思维方式在本书第三部分第7章有详细阐述,在本文第Ⅲ阶段也有进一步的讨论。如果能做到上述几点,我个人觉得就可以抓住问题的根本。此阵风后面的落实是倡导研究采用整体性视角,重视隐含关系的研究是这方面一个比较经典的例子,可见本书导读Ⅰ和第一部分第3章。

第⑦阵风“有教无类,孔门七十二贤”。最初讲是在2002年,在一次吃饭的时候讲的。当时针对西北的教育情况,先生提倡要多建博士点,第⑦阵风就是对此发表的评论。这阵风后来还在不同的场合重复过,记得在日本处理所内学生纠纷时先生也提到过。“学后知不足,教然后知困。知不足,然后能自反;知困,然后能自强”。这是《礼记》中早就阐明的教学相长的道理。教导学生不要有区别,能否成才看他自己的造化。基于这样的认识,生态经济方向一直坚持多招研究生,即使科学院猛涨研究生工资的时候,也未有动摇,而是与学生开会,一起讨论在压力面前如何应对的问题。至今生态经济小组已经培养毕业硕士、博士研究生50多名。以前,尽管弄不太懂人理的问题,但在给研究生传授专业知识,指导他们工作的同时,也还不忘教他们自己理解的做人的道理,比如经常组织学生写对社会事件的体会,写读经典文章的读后感。记忆深刻的有写读《为纯科学奋斗》[1]的读后感,学生孙克写出了王国维投昆明湖而死,搞学问要像他那样做一个高洁的人,这使我开始重新审视王国维的著作,直到现在看出他的小来。现在对学生培养我有了新的理解,是去传承一种精神,传承那种不灭的、永恒的、主宰人演进的精神,也就是后面要揭

[1] 2005年科学院资环局冯仁国副局长在开会的时候提到了这篇文章。

示的科研人员之道。

2.3 第Ⅲ阶段

该阶段是指从研究员至今这段时间。

第①阵风“往后看20年就可以当皇帝”，是2004年底一次饭桌上听到的，我印象中只听到先生讲过一次。我的理解是要往后看20年，必定要有宽阔的视野，深刻的见识，才能把握住演化的规律，这样的人才能有所建树。将这阵风结合到自己的工作中，对生态经济学进行了一番穷源溯流、抚昔追远的工作，终于找到了学科理论和方法演化的范式，具体可见本书导读Ⅰ和第2章的内容。此范式的第二步是从要素之间的相互作用关系中总结规律，第Ⅱ阶段第⑥阵风产生的涟漪就是进一步扩展了分析要素之间关系的方法。值得说明的是，这片涟漪一产生，有学生就反映生态经济学的书因此立马变薄。另外，此阵风与第Ⅱ阶段第⑥阵风一起对催生第②阵风“十年铸一剑”衍生的涟漪有作用。

第②阵风“十年铸一剑”，先生提到过无数次。这阵风很容易被人误解成十年磨一剑[1]，其实这里有一个很大的区别，磨是因为有把剑，铸剑是没有剑在手。寒旱所生态经济的发展是从无到有，类同于十年铸一剑，对生态经济而言，此阵风当为头号劲风。要十年铸一剑，肯定要回答3个问题：一是剑铸成啥样？二是怎么铸？三是能不能坚持铸。剑铸成什么样子类同于读书的目标一样，我想努力读书以后像先生一样，可怎么就实现不了呢？有时候还会弄巧成拙，画虎成犬。不断地学习积累，慢慢地意识到了读书真正的作用是消除自己一些不切实际的幻想，文章可以模仿，风格是不能模仿的[2]。因而颠倒思路，转向从自己出发，根据自己的实际情况，因地制宜[3]地选择自己应该做、又能做、而且能坚持做的事情努力做，并认定这就是在铸剑，只要坚持就是十年铸一剑。现在想来，这个想法与回答“我从哪里来？我是谁？我到哪里去？”这三个问题有异曲同工之妙。由于心中有这样的信念，因此在面对张掖市水资源管理战略规划的任务时，很轻易就更新了规划思路。以前的规划思路是从目标出发找对策，这是一种算小账，算又算不清的规划思路，看一看目前有几个规划真正实现了预期目标，就可知道其中必定存在缺陷。新的规划思路更改成了依据历史经验、现实情况和发展结果来规划[4]，尤其是其中的根据发展结果来判断规划好坏的标准，摒弃了以前的目标考虑，改成了避免发展过程中的陷阱。只要不掉进发展的陷阱中，不做前面讲的“笨鸡”，结果总不会太差，这是一种算大账的规划思路。本书第二部分第4和第5章对此进行了详细介绍。

---

❶ 贾岛诗《剑客》：“十年磨一剑，霜刃未曾试。今日把示君，谁有不平事。”

❷ 此文成文时又有了新的想法，如果能思想上共鸣，风格也许可模仿。

❸ 第⑥阵风“往后看20年就可以当皇帝”，怎么往后看，当然要因地制宜地看，根据过去发展的情况来看。

❹ 这里有一插曲，2008年张掖市委书记陈克恭和我讨论湿地规划的时候，我问：“能弄到那么多钱吗？搞这么大的规模”，陈克恭回答的是：“我是政治家，要求的是有战略眼光，钱的事情你不要担心”。这次对白对我震动很大，原来人的想法差别那么大。实际工作中，我们经常要碰到将两种不同观点融合起来的问题，怎么融合？从源头上找二者的共同处是不错的一种选择。加上自己已经总结过各种各样的思维方式，因此很容易就产生了新的规划思路。另外，值得说明的是，我问的问题和生态水文学家问的“有那么多水建湿地公园吗”是同样的问题，现在看来都是“小”问题，陈克恭的回答是“大”问题。

上段分析从方向的角度回答了铸成啥样的问题,而具体怎么铸是一个逻辑问题,这与思维方式有很大的关系。详细讨论可见本书第三部分第7章。

第③阵风"智商、情商和健商",这阵风好像是为我量身定做的一样。我性格急躁,情商不行,这一阵风是个人修炼中存在的最大问题。此阵风我的理解是,要想让问题结构清晰呈现,是需要对事情和问题进行分类的,而针对不同类型的问题也要有不同的解决方法。结合自己的经历,在先生提出的"三商"基础上,增加了逆商的内容。结合辨析的生态经济学中的思维方式,针对生态经济研究生中存在的问题,针对性地提出了解决问题的措施。具体内容可见本书第三部分第7章。值得说明的是,第7章对情商的讨论是比较肤浅的,只考虑到了表达方式的问题,更深层次的讨论将在求道的体会时说明。

第④阵风是"放弃是一种智慧"。这是先生生日时他写的毛笔字,记得是被兰州大学的南忠仁教授收藏。下棋的谋略有先弃后取,原来放也是拿的一种方式。这阵风我印象深刻,因为2007年南京大学地理学年会时,基金委宋长青主任就学术交流也讲过同样的话,"想让同行了解你,请进来是一种方式,走出去让别人了解也是一种方式"。此阵风增加了我逆向思考问题的能力,锻炼了我的思维方式。

第⑤阵风是"王选院士的故事和五个馒头论"。在2006年,王选院士逝世的时候,曾听先生提到,"王选院士说他年轻时搞科研弄不到钱,等到老了不需要钱的时候,钱多得用不完"。五个馒头论是一个简单的经济学原理,是一个人吃到第五个馒头的时候,馒头对他已经没有什么效用了。五个馒头论讲过很多次,对科研人员讲当然是指不要贪钱,贪多没有用。由于这两个故事都涉及钱,所以这里归结到了第⑤阵风。此阵风提醒我们,做人不能贪婪,要正视钱的作用,真正的科研成果很多并不需要花费多少经费。后面对钱的作用会专门讨论,这一阵风的落实例子有二:一是曾因担心作茧自缚放弃参加过"973"项目的专题;二是课题的经费管理交给了生态经济小组的钟方雷博士负责,这一举措尽管减轻了自己的负担,但对钟方雷博士的科研成绩产生了一定的负面影响。后面在阐述生态经济小组的建设模式时对此有交代。

第⑥阵风和第⑦阵风是最后通关的两阵风。第⑥阵风"江海纳百川"非常重要,是劲风之一。字面上很好理解,是指做人要有开阔的胸襟。但实践操作时因存在主观上的蒙蔽,加上书中本来就存在毒素(本章第3部分会详细阐述),所以尽管先生反复教导过多次,都未通此关。举一个例子,在先生吹第⑦阵风之前,第⑥阵风曾被我理解成,我又不是海,纳什么百川,如果能让大海将烦恼和忧愁都带走,对自己来说不也很好吗。由于前面思维方式以及整体性视野的修炼,实际生活中我确实可以做到这一点。没有想到的是,这就是一种以小自限,恰恰就是一种中毒的表现。直到今年7月,先生指点去泰山看看,到泰山读了无字书后才通此关。落实的结果是提出了科研团队建设的势理念,具体见本书第三部分第8章。

2.4 小结

2.4.1 快哉雄风的结构

上面风行水上的过程描述过于繁杂,难免让人有乱花迷眼之感,为了让其结构清晰,这里将其浓缩成图9.2快哉雄风结构图。图中罗马数字表示阶段，后面圈起来的数字对应表9.1中的各阵风，如Ⅲ.②表示第三阶段的第②阵风“十年铸一剑”。

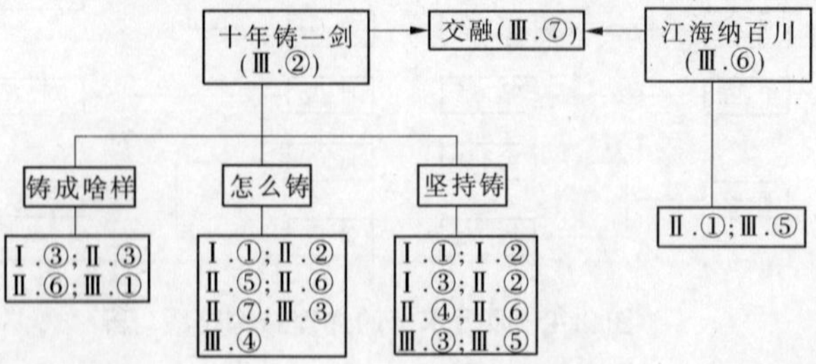

图9.2　快哉雄风结构图

从图9.2可以看出，这些年先生的快哉雄风主要集中在“十年铸一剑”和“江海纳百川”上。17阵风，其中就有15阵风集中在十年铸一剑上，又可分为铸成啥样、怎么铸和坚持铸三个部分；江海纳百川部分只有3阵风，数量少并不意味重要性低，要知道前面就讲过“物需见少方为贵”的道理，需要注意的是Ⅱ.③、Ⅲ.⑤在十年铸一剑和江海纳百川中有重复，其重要性显然是不言自明的。Ⅱ.③在前面已有阐述，Ⅲ.⑤在后面还会重点阐述。所有快哉雄风中最重要的一阵风是交融的Ⅲ.⑦阵风，在阐述快哉雄风之“道”时会对此进行说明。各阵风之间的联系和影响，在分阵风论述的时候已有简单说明，不再赘述。这里只是不作说明地介绍6大劲风的分布结构（见图9.3），希望可以帮助读者更好地理解快哉雄风的结构。

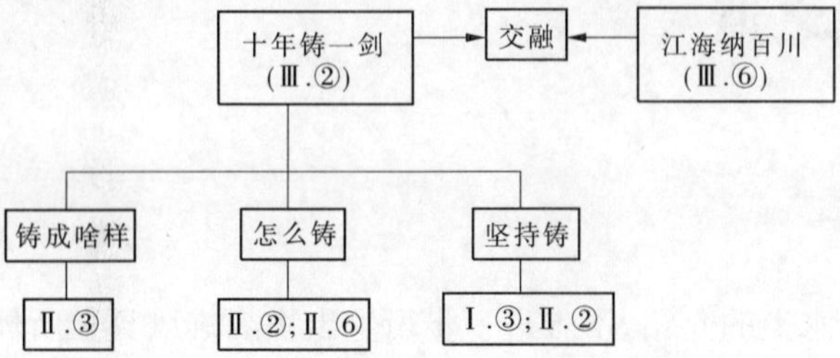

图9.3　劲风结构图

2.4.2　风行水上衍生的涟漪结构

“若言琴上有琴声，放在匣中何不鸣？若言声在指头上，何不于君指上听？”是啊！世上的一切事物都离不开因缘，琴声就是琴身和指头的相遇才产生的。一直在先生的春风下沐浴，总不能老是呆若木鸡地坐在春风楼中，感受不到风从哪个方向吹吧。因而也偶有下水戏耍的时候，偶尔也能与先生的春风相遇，偶尔也能变成春风吹起的一些涟漪。一旦享受到荡漾的乐趣，索性将生态经济弄成了一个大水池，享受“风行水上，自成文理”的快乐。图9.4是总结的风行水上产生涟漪的主干文理结构图。事实上，其他阵风对此文理结构也有影响，如第Ⅰ.③阵风是所有文理的基础。但为了简洁，这里只列出了主要的文理结构图，希望能帮助读者理解本书前8章的内容。其中，第二部分第6章主要是Ⅱ.⑤

和Ⅲ.①阵风作用的结果,其余各章的渊源在风行水上过程描述中都已说明。

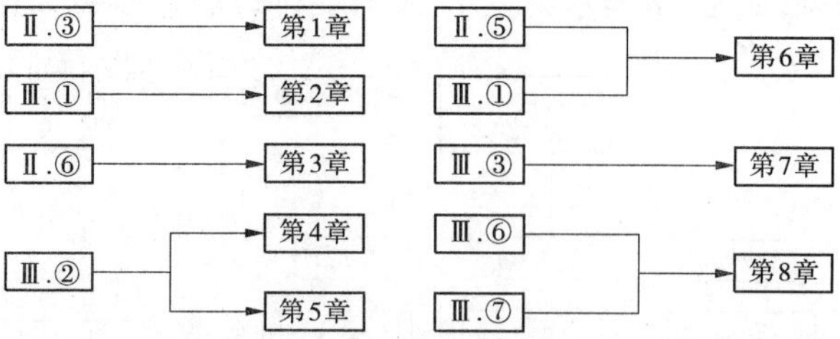

图9.4　风行水上的文理结构略图

另外,风水交融产生涟漪时出现的场景也值得描述一下,聊作纪念。程先生吹出第1片涟漪(指第1章,后类似)的时候,应该很得意,因为那时候吹了第二阶段的后4阵风,其中就有劲风。吹起第2片和第3片涟漪的时候,进行了书面"很好"的表扬。后来,还许诺让我永远在水池子里面荡漾。值得插入的是,基金委的宋长青主任就第2片涟漪还请我吃过饭,那次午餐对催生第3片涟漪有帮助。吹起第4和第5片涟漪时进行了口头表扬。吹起第6片涟漪没有听到反应,原因是我当时正处于人生困难期。吹起第7片涟漪时大怒,变成了"狂风",当时我还想,要不是我也养了点浩然气,受过劲风的熏陶,大小也算根劲草,要不早被刮得无影无踪啦。现在看来,那时是中毒走火入魔了,先生在帮助疗伤。不然,后面怎么会告诉去看无字书,吹出第8片涟漪呢。吹出第8片涟漪结果如何呢?同样得到了先生的表扬。

3　科研人员之道

3.1　道的总结

通过上面风行水上的介绍,不难进一步衍生出快哉雄风身上所体现的科研人员之道。

道生一、一生二、二生三、三生万物。《道德经》上这句话描述的是天地万物的产生过程,说明道为世间万物之本,这是已经达成共识的东西。然而,具体对这句话的理解差别很大,不同的人理解不一样,同样的人在不同的年龄段理解也不一样。现阶段,我将其理解成"道"表现为一种永恒的东西,这种永恒的东西又表现为天和地、阴和阳、正和邪、狭隘和宽容等两种相互对抗的作用力(二)作用的结果,而相互对抗的两种作用力又会表现出多种多样的物态形式(三),这些多种多样的物态和谐匀适就显现为世间万物。

图9.5是从快哉雄风身上提炼出科研人员之道的略图。图中的虚箭头线表示的是道生一、一生二。结合科研人员工作的特征,道生一理解为科研人员成其大后所拥有的一种浩然正气;一生二,十年铸一剑吸天之灵气,为阳,天行健君子以自强不息;江海纳百川吸地之灵气,为阴,地势坤君子以厚得载物。实箭头线表示的是积累和作用。天地本来就有正气,十年铸一剑修炼的是刚健,江海纳百川修炼的是柔顺,二者都是浩然正气。只是二者之间因为存在一堵隐形的墙(在3.2.3和3.2.4部分有解释),而难以交融,但一旦交

融后会加倍放大产生的浩然正气。另外,科研人员还有一种传承浩然之气的作用。二生三,后面关于钱的求荣取侮分析就是二生三,细心的读者会发现本书组成的各片涟漪也是一个风水交融后的二生三。三生万物,生态经济小组的发展也期待那天,期待那一池春水满城花的明天!❶

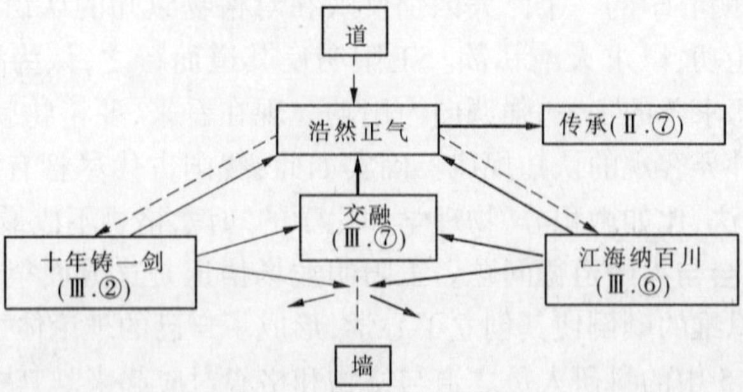

图 9.5 科研人员之道

养一点浩然气,多千里快哉风。科研人员要成其大,一要有十年铸一剑的精神,二要有江海纳百川的气度。这就是从快哉雄风身上提炼总结出来的科研人员之道。

3.2 道的含义

3.2.1 浩然正气

道为浩然正气,然何谓浩然正气?却是现在难说得清、道得明的。此问题确实有难度,当自称"我善养吾浩然之气"的孟夫子被问及"何谓浩然之气"时,也只能回答"难言也"。因而这里只能阐述自己的见解,供大家参考。

在自然科学中,气通常是指气体,描述的是一种细微的化学物质。如天气,是指大气在一定区域一定时间内的物理状态。在中国古代哲学中,气通常被解释成构成宇宙万物的本原或本体。《吕氏春秋》中对我国中医有深远影响的精气说,就将精气解释成产生天地万物的本原。此举对《老子》的"道生一"进行了诠解,用精气来说明老子的道或一,即精气即一、一即道。显然,上面解释的科研人员之道借鉴了这里的思想。关于气,程朱理学中也有"生之谓性,性即气,气即性,生之谓也"的说法。气是什么,详细的考辨离这里探讨的主题远了一些,这里不作过多的引述。但这里讲的气当然不是指人每天吸收的氧气,呼出的二氧化碳这样的气,而是指让我们"形具而神生"的气,是使人展现自己精神面貌的一种气。浩然正气是指具有天之刚健、地之柔顺的一种精神气质。一个人有浩然正

❶ 在基金委流域科学答辩会期间,程先生讲到了"道生一,一生二,二生三,三生万物"这个问题。当时我想到了两个问题:(1)阴阳相互作用系统的评价的问题(一生二的评价问题),实际上我们通常评价的只是单方面,如阴或阳,初看"三毛是否秃头"也只是单因素的模糊数学评价问题,但如果辩证思考,"是也是不是,不是也是",那系统评价最恰当的方法可能是将效率(阳)和恢复力(阴)的评价结合起来。(2)现在主要研究生产力问题,忽视恢复力的问题,当然会忽略生产力(阳)和恢复力(阴)相互作用产生的生产关系(三)问题,看来这些也是应该研究的方向。

气,就是从他身上能看到自强不息和厚德载物的精神。具体到科研人员之道,浩然正气就是有十年铸一剑的精神和江海纳百川的气度。

3.2.2 架构解析—融程朱理学与阳明心学于一体

程朱理学与阳明心学的一个巨大区别反映在对格物致知的认识上。朱熹认为,人需要格物穷理,向外用功,以求灭绝私欲。王阳明反其道而行之,认为格物就是格心,即正心,在心理上作去恶求善的工夫,强调向内用功。现在看来,要格物就要有科学的认知方法,然后才能探讨外界客观的认知规律。确实如此,我国古代尽管有格物致知的想法,但缺乏具体格物的方法,比如微积分、物理学和化学的知识,格物不成最后都转到了格心上,主要探讨和研究社会与人的道德问题。王阳明龙场悟道是这方面很典型的一个例子,格竹不成转向格心,思维的颠倒使其创立了心学,形成了自己的理论体系。

很容易将图 9.5 中的科研人员之道与格物和格心对应起来。其中十年铸一剑对应于格物,而江海纳百川对应于格心。关于格物的方法,现在我们落后于西方发达国家很多,这当然也成了我们最应该学习的地方。据此,显然也可以理解图 9.2 中关于十年铸一剑的阵风那么多的原因。至此,还有一个问题需要澄清。既然格心是我们传统文化的核心部分,为什么十年铸一剑和江海纳百川之间那么难交融呢? 原因有三:①邯郸学步。过于沉浸于格物,忘记了格心,弄成了邯郸学步。②格物将自己越格越小,导致看不到二者之间那堵隐形的墙。这点后面会讨论原因。③学格物方法的时候,还受到了西方文化价值观念的影响,加剧了自己的小。由此可见,上面阐明的科研人员之道吸收了我国传统思想的精华,将程朱理学与阳明心学的核心思想融为了一体,并综合考虑了当前世界科技发展的形势。

3.3 求道的要点

3.3.1 十年铸一剑

十年铸一剑,弄清铸成啥样? 怎么铸? 然后去坚持铸。这没有什么好办法,修炼多从苦处来,专注与苦练是其不二法门。前面风行水上过程的介绍也许可以提供点值得借鉴的东西,但需注意那也是个人的一孔之见,刻舟求剑照搬过去是存在问题的。关于十年铸一剑中关键的思维方式描述,可参见本书第三部分第 7 章的介绍,这里不再赘述。

3.3.2 正确应对妖魔鬼怪

钱是修炼过程中碰到的头号妖魔鬼怪,科研工作者需要调平心气,正视钱在科研、生活中的作用。钱当然要谈,不谈也不能说明就具有高尚品德。柴米油盐的事情,人每天都有,没有基本的科研经费保障,科研创新只能成为空头支票。目前,由于科研人员的绩效直接与课题经费挂钩,搞到大课题,就能成富翁,这已是不争的事实。更有甚者,谁课题大谁科研水平高,这样的考核机制更是促使科研人员将大量的时间和精力花在搞课题上。

这里要谈的不是要大家不要搞课题,而是想提醒一下搞钱的负面作用。

(1)现有体制下搞钱有作茧自缚的作用。搞课题要费研究人员很多的时间和精力，搞来课题后还有一个课题经费的消费问题。搞来课题后，要应付不停的检查，不停的请客喝酒。这除了担心国家审计被抽上之外，更可怕的是要担心别人搞自己搞来的钱。原因很简单，大家生态位不一样，你搞国家的钱，底下搞你的钱，从搞钱的角度来看，大家都一样，只是规模不一样，最多就是五十步和一百步的关系。怎么交差呢？课题负责人没有时间做自己应该做的科研，底下有时间做的又搞不出来东西，只能浪费你的钱，有能力做事情搞走你钱的，他也面临着你同样的处境——没有时间做自己应该做的事情。结果是搞到钱，也把整个人搞得焦头烂额。这里说明的是一个人会被搞钱、用钱所绑架。

(2)搞钱是一种求荣取辱的过程。要搞上面的钱，你不矮三分显然很难达到目的。何况现有体制下，很多资金分配领导的耳朵是长在脚上的。求荣和取辱可以视为阴阳两种作用力，万物负阴而抱阳指的就是这个道理。

(3)钱的问题处理不好可能会积薪自焚。一日三餐，夜眠七尺，这些基本的生活需求方面人与人没有多大的差别。对钱如果掌控不好，取荣之心过重，会催生自己的贪婪之心。贪婪是具有正反馈加强机制的一种事物，多了还想更多，贪官刹不住车指的就是这个道理。现在的科研体制拿课题多少来衡量科研水平的高低，对催生贪婪之心有一定的作用。正如生态系统服务的价值不好衡量一样，科学研究成果的价值也不好用钱衡量。钱本来就不是衡量很多事情的标准，这本来是一件很正常的事情。然而，在一定程度上，这很可能会起到催生科研人员贪婪之心的负面作用，拿多拿少不好衡量，习惯于找前人工作漏洞的科研人员是不难发现这个缺陷的。更可怕的还不是这里，贪婪常与猜忌相生相伴，而且猜忌更可怕。自己贪的东西当然最担心被别人贪走。人一旦有猜忌之心，就会犯错，同时又要小心边上的小人进言，从而导致不能对事情作出正确的判断。这是有贪婪之心的恶果之一。另外，人一有贪婪之心，对外界诱惑就会缺乏抵抗力，效率高恢复力不行，也就是良知受到蒙蔽，阴阳失调。在美色这第二发糖衣炮弹面前，这样的人很容易倒下。

总结来看，科研人员对钱的问题需要正视。对钱的态度是很多种不同的作用力(气)交互融合的结果，如贪婪和猜忌就是经常在一起弹冠相庆、具有正反馈作用机制的狐朋狗友；贪婪和对欲望的抵抗力是此消彼长的孪生兄弟。科研人员要能养浩然正气，使这些对冲的气能相互调和，使之匀适自己。如果科研经费少，能看点书做点自己能做的事情，尽管做不出什么很重要的科研成果，但结果最坏也只是缘木求鱼，对自己也不会产生大的负面影响；如果经费过多，自己又控制不好的话，后果要严重得多，结果很可能是积薪自焚。

3.3.3 防止走火入磨

求道的过程还要防止走火入魔。万物负阴而抱阳，有积极的一面，相伴生的还有消极的一面。在修炼过程中，除了不时有妖魔鬼怪干扰外，对走火入魔要格外警惕。综合来看，求道过程中有下列问题会限制科研人员修炼，或导致科研人员走火入魔。

(1)修炼的阻碍因素：人本身的缺陷

人本身存在诸多的缺陷。第一，人通常习惯于直线决策，非此即彼，不是一种综合性的思维方式，也就是说不是阴阳之气交融的决策方式。由于个人认识的局限性，不同的观点难免都有片面性，从而容易错失问题的根本所在。举一个猴子骑牛的例子来说明，猴子代表机灵(阳)，牛代表稳重(阴)，猴子是可以骑在牛身上的，但如果抓不到穿在牛鼻子上的牛绳(问题的根本),是无法驾驶牛的。前面Ⅱ.⑥阵风已经说明,抓实际生活中问题的根本比猴子骑牛要复杂得多,因此思维方式要发生根本的变化,才可能去掉蒙蔽而捕捉到问题的根本。第二,人的思考范围也很有局限性。通常关心自己身边的、眼前的利益,疏忽长远利益,在实际生活中经常体现为算小账而不算大账,钻到钱眼里,这在科研经费分配时也很常见。殊不知,机关算尽太聪明,有可能反误了卿卿性命,前面关于钱的负面作用的讨论应该可以很好地说明此点。第三,人通常只能专心做一件事情,而且容易沉溺其中。让一个人既能彰往而察来,又能阐幽而发微,实在有点勉为其难。最后,人都比较自大,这是最大的一个缺点。人世间顾盼自雄是最平常不过的事情。每个人都会觉得自己了不起,而轻视周围的人。自古文人相轻,事实上应该是自古人人相轻。人本身的这些缺点,都会阻碍科研人员的修练。如果不克服,只能做"笨鸡";或捕蝉时,不知黄雀在后;或被人温水煮青蛙,这些都与科研人员的身份不符。

(2)走火入魔的因素

导致科研人员修炼走火入魔的因素有很多。这里主要谈两点:一是科研工作的性质会滋长狭隘;二是间接经验中的毒素。

先看第一点。通常,科研工作者具有如下的特点:有童心、执拗、狭隘。有童心就是王国维、朱光潜所指的"大人者不失其赤子之心",解释也就是好奇,好玩,没有戴有色眼镜之类。当然这不是科研人员的弱点,下面要谈的执拗和狭隘是科研人员的缺点。执拗是人本身的弱点和科研工作的性质一起共同造成的,执拗口头语解释就是倔,指即使听到合理化建议也很难改变自己的看法。因为科研工作本身就需要执着的追求精神,不能半途而废,否则是看不到悬崖边的花之俏的。正因为如此,科研人员大多倔。尽管如此,但这不是科研人员最大的弱点,通常最大的弱点是狭隘。狭隘与科研人员工作的性质有很大的关系,因为科研工作本身就是一种挑刺工作,挑到刺后改正,就可以作出创新的工作。俗话说,知难不难,找到问题就等于解决了一半。科研工作本身确实如此。但是,现在环境问题需要的是团队合作,科研工作者本身的挑刺精神又难免会带到团队中来,带到家庭中去。这样一来,本来工作上的问题就变成了人与人之间的问题。前已说明人和事是不同的,人人都自以为是,是相互轻视的。然而,在团队和家庭生活中,挑刺是很难成功的,只能导致人与人之间会越来越相互轻视,从而进一步催长狭隘,形成孤芳自赏的格局。

再看间接经验中的毒素。读书是科研人员修炼的一种重要途径。正如任何事物都是阴阳两种对抗作用力作用的结果一样,书中有营养可以吸收,但也有毒素。本书第三部分第8章中指出的历史名人思想的局限性就是毒素的例子。很多书籍告诉你的是算小账,如果沉溺其中就会中毒,就会疏忽算大账。天地有正气,去天地吸收灵气当然有助于养浩然气,但过于留恋于山温水软也不好,搞不好还会落下玩物丧志的骂名。下面用自己的经历举一例,对间接经验中的毒素进行说明。于无字句处读书,与有肝胆人共事,这是周总理的座右铭。我以前对此奉若神明。于无字句处读书!是啊,有用的东西不在书上,尽信书不如无书,能读懂无字天书,当然倍增人的见识。此句有营养,无可非议。但与有肝胆人共事呢?这想法当然是好的,与有肝胆人一起成番伟业。但实际操作起来,会发现这里有以小自限的嫌疑。怎知道对方是有肝胆的人呢?自己的看法一定正确吗?那些没有肝胆的也不是一无是处啊。我在实践中将此理解成了道相同,才与谋,结果也是可以知道的,找不到几个道相同的!又轻视那些道不同的。另外,"冷却路基的思想"是先生对青藏铁路建设的一大贡献,我接受过来认为人要静下来。加上诸葛亮的"静以修身"的名言,把这些经验弄到一起修炼,结果差点弄到独善其身的地步,越修炼越小,越来越无视外界存在的那种更强大的正气。

科研人员的这种走火入魔并不可怕,尽管小,但在求小的过程中锻炼了自己的思维方式,也培养自己抓问题根本的能力。小的也有美的。王国维的《人间词话》、朱光潜的《谈美》被奉为经典著作,道理也在于此。科研人员这样的走火入魔并不是不能产生浩然正气,只是与江海纳百川中产生的正气隔堵墙,从而不能交融,因而浩然正气不能被放大增益。也就是说,成就的是一种小美,而不是一种大美。这里提倡的是科研人员不要以小自限,而要小中见大,以便与阴阳正气交融,迅速倍增自己的浩然正气,成其大。

3.3.4 打掉魔头

打掉魔头说来也很容易,因为个人的心胸狭隘和开阔之间、以小自限和小中见大之间原本只是隔堵墙,将这堵墙砸开就行。砸开后阴阳正气就能和顺交融。难不是难在砸开,难是难在这是一堵无形的墙,由于人主观好恶以及利益等因素的蒙蔽,一般很难看见。实际上,这堵墙并不能增加自己的抗打击能力,相反只是蒙蔽我们的眼睛,让我们看不见别人的存在,看不见墙那边更强大的力量。只要将视点从自己身上挪开,就很容易发现墙那边的力量更强大,这也是图9.5中右边的箭头线粗一些的原因。所以,这样的墙只要见到就砸开了。凭自己的经验,见到这堵墙需要一段艰难的修炼过程,有人可能需要很长时间的渐悟,也有人可能能顿悟。尽管是渐悟还是顿悟已超过了我的解释能力范围,但这并不重要,重要的是知道墙那边有种更强大的力量,蔺相如的故事可以为证[1]。

正是,诗能入画方为妙,人若求道就是美。"百年歌自苦,一生无知音",杜老夫子晚年唱出这样的悲歌,现在看来是一种衰音,世上不是没有知音,而是自己不知怎听天籁之音。

3.4 求道过程中的几点自我体会

初识先生时,当时自己还不知道院士是什么。第一次进他的办公室,我就感到了一种气势和威严,有种让人不可以侵犯的感觉。现在应该可以给出答案:就是身上有种浩然正气。在漫长的求道过程中,有诸多自己的体会,这里挑重要的几点与大家分享。

3.4.1 会去观察

需要注意是会"去"观察。先生由于是搞冻土出身的,搞生态经济常受人诟病,院士什么都搞就是戴的帽子之一。我的认识是:搞学问的道理难道不是一样的吗?他能搞好

---

[1] 蔺相如的故事千古传诵。蔺相如是个有见识的人,他能在分析缪贤与燕王的关系时看到隐含的赵王存在,这是他被举荐出来的主要原因。通常,有见识的人会表现得过于刚强,这在蔺相如身上也有反映。《古文观止》上王世贞认为蔺相如完璧归赵、渑池会盟都是与秦王硬碰硬,按正常的发展趋势推理,都会导致不堪设想的后果,因此认为历史能成其名实乃天意。让人费解的是,这样的蔺相如后来又能宽怀忍让,与廉颇一起演奏"将相和"的名曲。蔺相如是顿悟,还是渐悟,已无从考证,当然这也不重要。重要的是,要能明白蔺相如上面的三步舞曲中哪一曲跳得最美。

冻土,肯定也搞得好生态经济、生态水文的。因为精力的问题,先生可能没时间亲自搞。但作为学生,将其搞冻土的办法学来肯定可以搞好生态经济。尽管冻土与生态经济的搞法存在很大的差别,但结果表明还是可以上演风行水上涣的。先生话不多,但我知道其话语是浓缩了其人生精华的东西,明白贵人语少,一字千金的道理。正如有用的东西不在书上一样,真正的道理不在教授那些解决问题的技巧上。那在哪里呢?在他身上。他平常的话语就是在喊"此地无银三百两"啊!基于这样的认识,我才会去观察先生,到他的身上去取经,能记下他说过的几乎所有重要的话,然后又反复琢磨体会。体会受益尝到甜头,这与先生的话语又会形成正反馈的良性循环,从而使自己能捕捉先生身上的精华,反刍加深自己对先生经验的认识。

3.4.2　能体会

体会就是随时都要能辩证地看待问题。要像孙悟空一样,师傅在脑门后敲了几下就知道晚上什么时候要跑去学本领。这里以自己一个瞬间的体会和长期的体会为例来说明。瞬间的体会:犹记得先生看了我的简历后,第一句话是"跟我儿子年龄差不多,就来上研究生啦"。听到这第一句话我就如释重负,自己身上不只有湖南师范大学毕业这个出身不好的包袱,原来还有一个巨大的年龄优势呢。先生首先看到的是我的优势,那是一种欣赏。长期的体会:先生两次申请"973",最后决赛都铩羽而归,但几年后能通过流域科学计划重新站起来。我的体会是:人只要不等闲下来,结果谁负谁胜出天知晓。这是我在牢里的体会,也是后面能迅速走出生活困境的支柱之一。

3.4.3　会找答案

找答案,除了前面讨论的灵活的思维方式外,在先生身上是可以找到答案的。任何问题都有答案,就如阴阳相生相伴一样。一般的问题通过技能训练是可以自己解决的,但对难的问题,本身找到和遇到它就比较难,当然答案也潜伏得很深。俗话说,解铃还需系铃人!自己不知道解铃,系铃人又不明说,再说明说也没有用,别人告诉你的自己很难真正掌握,"纸上得来终觉浅,绝知此事要躬行"。怎么办呢,到系铃人身上找答案。

下面用两个例子来说明这个问题。

第一个例子是到泰山悟道。2011 年 7 月先生指点我到泰山去提高修炼水平时,开始的感概是到天地间去读无字书,能读出些什么啊。只好将视野转到先生身上,他说些什么、搞些什么我是能回忆出来的。"你学术可以,道不行",是啊!道不行但不知道怎么修道啊。到泰山去,我会去,但怎么悟呢?当视野转到先生身上时,立马浮现出了答案。先生最近搞体育活动是说要打太极拳。"天下武功,无坚不摧,唯快不破",我熟谙电影《功夫》中的这句台词,打乒乓球时还经常当成口头禅吹自己反应快。阳刚之力,可以以柔克之,这是很简单的阴阳相生相克的道理。由太极拳的借力打力,我想到了势这个执力的问题,一到泰山脚下,我就能感觉到一种气势压人,因而得以总结出科研团队建设的"势"理念。

第二个例子是关于团队建设的道。团队建设搞了这么多年,怎么越搞越小呢,先生身上很多东西我都学习和体会了啊。难道文章真的可以模仿,而风格不可以模仿吗?答案在哪里呢?我从先生身上能学到很多的经验,缘自我长期对先生的仰视,是以欣赏的眼光在看他。情人眼里出西施也是源于欣赏啊。不戴上欣赏的眼镜,人性的那些弱点会让你看不到周围人的美,觉得别人比你差,书读得越多自己会变得越高傲,又怎么能从他的角度来思考问题呢。是啊!五项修炼滚瓜烂熟,但实践就是不行,道理就在于此啊。再看第二点中举的与先生初次见面的例子,答案潜伏得不可谓不深。得来不易,必为精髓!

3.4.4 修炼以练为本

修炼修炼,光说不练肯定不行。为政不在多言,顾力行何如耳——不仅是当政,个人强大的奥秘也在这不言不语、埋头苦干当中啊。以我自己而言,尽管有走火入魔的经历,但自己一直在苦练,因此在面对困难与挫折时,能迅速重新站起来,嘴里还可喊着"谁负谁胜天知晓"。正如研究生、科研人员需要以读书为本一样,修炼要以练为本,只是练,坚持练非常辛苦而已。事实上也确实如此,"清角声高非易奏,优昙花好不轻开。须知极乐神仙境,修炼多从苦处来"。只要练,坚持练,前面自然会出现很多路,才能笑傲困难和挫折。也只有这样,人生才有成功的可能。

座右铭中的"莫等闲,前程自有几多路",其取意就在于此。

3.4.5 养气

先人养气的经验可以借鉴。孟子从此心原不动处分晓,将义看成心内之物,用正义去培养它,也不违背客观规律去拔苗助长,终养成浩然之气,而且能知言,文有雄辩之风。王阳明的"此心不动,随机而动"与孟子的修炼办法有类似之处。值得说明的是,告子的不动心需要扬弃,告子只在如何不动心上下功夫,使心失去了生生息息之根,弄不好就会像前面谈到的那样越练越小。

"谢傅心情托山水,子瞻风度是神仙",说明"读万卷书行万里路"以及学习思想豪放、胸襟开阔的前人著作是可以学习养气的。游山玩水在本书第三部分第8章有介绍,这里主要介绍一下如何从前人著作中学习养气的问题。下面是自己的一点经验,仅供参考。前已说明,搞自然科学的容易陷入斤斤计较的误区,因此要学会调和自己身上的阴阳之气。走出只会算小账的误区,可读点苏轼、辛弃疾、曹操等豪放的诗词,以此增强自己的感发力量,培养算大账的潜意识;在顺风满帆的时候阳气过剩,可读点陶渊明的诗词来对冲。以前此点自己没有控制好,是在不如意时读陶渊明的诗;树立靠自己的信心,古龙的七种武器可以看看,坚定自己命运好坏不由已、努力奋斗靠自己的信念;学习思辩方法,孟子的文章值得一读。这些养气过程随处都可以进行,如果能通过修炼看到"自己"阴阳正气之间那堵无形的墙,就能倍增自己的浩然正气,相信最终会有所成。

座右铭中"勿好远,青山自带几卷云",其取意就在于此。

4 讨论

4.1 读书

读书是科研人员增长见识的一种基本手段。然而,怎样读书呢?这各有各的说法,当然也各有各的道理。比较流行的是"书不是读得越多越好,能读懂就行"。大意是读几本经典,能举一反三就行。持有这种看法的人,当然有一定的水准,而且目的也是好的,担心科研人员书读多了,变成书呆子。其实这种担心是多余的。俗话说:"死人读活书,书越读越厚;活人读死书,书越读越薄"。不会读书的人根本读不了几本书,因为书会被他越读越厚。会读书的不仅能把书读薄,还会排除书中的毒素,而且能读人这本活书,读山水等无字天书。培根说"有用的不在书上",孟子说"尽信书不如无书",其言外之意,应该是讲世上还有人这本活书,还有自然这本无字天书。如此说来,人每天都处于书海中。"世事洞明皆学问,人情练达即文章"应该是对此最好的注解。显然,对世间人事的变化,天地阴阳的变化,谈这个"懂"字需要很深的注解。

根据前面关于科研人员求道的分析,我认为读书是一个养气的过程,是一个养浩然正气的过程,是一个与天地万物和谐的过程。苏子由认为,"文者气之所形,然文不可以学而能,气可以养而至",确实是有他的道理啊。世上书多的是,去读就行。读不懂人,读不懂无字书,多读点有字书也无妨,知道其中也有毒素,注意排毒就更好。科研人员要读书,"腹有诗书气自华"!"读书不知味,不如束高阁",是啊!读到能知书味,能知道自己为什么读书,未来怎么读书,就已经进入佳境啦。

4.2　生态经济小组的建设模式

见得到就说得出,就做得到。生态经济小组发展到今天,尽管不无成绩,但也有惨重的经验教训。抚昔追远,基于对科研人员求道的认识,生态经济小组今后的发展,拟采用如下模式:①戴上欣赏的眼镜;②养浩然正气;③还经费管理给小组成员。下面逐一简要阐述。

4.2.1　戴上欣赏的眼镜

"风行水上涣",风水无意相求,不期而遇,而成天下之至文。其中最重要的一点是,水不回避风,这样才能成风之形,才能呈现风水相激所产生的壮观景象。在实际的科研工作中,如果不戴上欣赏的眼镜,戴的是自己的有色眼镜,会使自己对身边一些壮观场面熟视无睹,错失诸多的创造灵感。毋庸置疑,创新是每个科研人员都梦寐以求的东西。然而,创新首先需要学会欣赏,无论是对物还是对人,通过欣赏我们可以见到一种意境,创新就是在这种意境的基础上再进一步,将这种意境外射出来,成为具体的作品。当然,创新并不是易事,它需要你有一定的天赋,还要你付出成堆的汗水。

显然,欣赏有一个度的问题,而且弄不好有时候还会被人理解成奉承。前面论述人的弱点时讲到人通常只能做一件事情,而且容易沉溺其中。学习一门课程如此,欣赏也是如此,如果你过于痴迷,就像在外面旅行久了一样,会让你将注意力过于集中在山温水软中,忽视你身边发生的事情。甚至虚构情节,让自己生活在梦幻中,犯"错置具体感的缪误"的错误,喜欢看武侠小说的人应该有这方面的经历。这个度如果把握不好,弄不好会让你脱离实际生活,失去自我。另外,在实际生活中,很容易将欣赏理解成奉承,实际上二者之间既有差异又有共性。差异在于奉承通常是同有色眼镜在打交道,而欣赏不是。共同点在于实际生活中我们有时候需要奉承,有时候又不需要奉承,二者都有一个度的问题。

值得强调的是,这里所说的欣赏是倡导将视点从看事情不好的一面转向看事情好的一面。当然,这种视点的转移并不是说挑刺能力不重要,而是建立在你具备了挑刺能力的基础之上。可以相信,给第五项修炼戴上欣赏的眼镜,团队成员定能"漫随天外云卷云舒,闲看庭前花开花落"❶,团队战斗力也会与日俱增,一日千里。

4.2.2 养浩然正气的实例

本书第三部分第7章提供了很多养浩然正气的措施,但是缺乏调顺阴阳气、打通任督二脉的法宝。下面提供的是窍门训练的一个实例,培养骑牛猴子拿牛绳的能力,培养研究生小中见大的能力。

2011年9月初,给生态经济小组成员布置了学习任务,学习内容有曹操的《让县自明本志令》、欧阳修的《五代史伶官传序》、吴澄的《送何太虚北游序》、朱光潜的《谈美》。同时要求小组成员熟读曹操的《短歌行》、《观苍海》、《龟虽寿》,严遂成的《三垂岗》,高启的《梅花九首》其一,毛主席和陆游的《咏梅》。这里简单介绍一下学习的文章和书的内容。其中《让县自明本志令》是曹操面对"托名汉相,实为汉贼"的谤议时,如何表明自己的本志的。《五代史伶官传序》讲述了后唐庄宗李存勖迅速由盛转衰的故事。《送何太虚北游序》讲的是"读万卷书行万里路",读书人不能闭门读书。《谈美》是讲一个人如何审美。

9月28日就上述内容进行了集体学习讨论。首先引导学生体会了曹操对指责回应的坦白直率、气势磅礴和充满豪气。感受了其诗歌中提供的宏伟图景,提醒学生如果没有宏伟的政治抱负、没有建功立业的雄心壮志,以及对前途充满信心和乐观的态度,是写不出如此壮丽的诗篇的,面对指责也不会如此荡气回肠地回应。其次感受了风云帐下的奇儿❷因忽视积于忽微的祸患,逸豫自误而迅速亡身的惨重教训,提醒学生从演化的角度体会其中的盛衰之理,做事情要能拨云见日,抓住牛绳。接着谈了下怎么读书,提醒要注意读人,读无字书。采用的例子值得在这里介绍一下。"未得到时千般恨,及到来时无一物",曹雪芹如果没有经历从"锦衣玉食"到"举家食粥"的巨大人生转变是发不出来的。在当前幸福的研究中,这种浓缩了人生经历的名言被西方学者进行了翻唱,因为享乐适应性和社会比较的影响,所以名利变量的追求几无效用。其实一本《红楼梦》,读读曹雪芹就可以抓住牛绳。同时还提醒书中有毒素,要求学生抛开朱光潜的小美,从俗人的角度体会一下曹操的大美。最后结合上述学习内容,提出了问题供大家讨论:生态经济小组每年都组织大家到名山秀水去出游一次,现在这样的"野外考察"面临着"乱报差旅费"的指责,请结合生态经济小组的实际情况,从演化的角度像曹操那样正面回应。讨论的热烈程

---

❶ 戴上欣赏的眼镜,首先可以让你在与人交往的时候,能把别人当成自己,能设身处地地为别人着想,也会将别人当成别人,不会过于自以为是。因为人往往自大,所以这一步是最难的。如果能把别人当成自己,那么在遇到困难和挫折的时候,显然可以将自己当成别人,摆脱不应有的烦恼和痛苦。另外,在与人交往的时候,也容易将别人当成别人,不会太自以为是。当然在遇事的时候,也能将自己当成自己,泰山石敢当,靠自己承担起应有的责任和义务。做到这几点,烦恼和忧愁当然都与你无关,因为苹果乐园是你的舞台。在这里你不仅自己快乐,还能把快乐传给大家。

❷ 来自《三垂岗》中的诗句:"风云帐下奇儿在,鼓角灯前老泪多"。

度是可以想象的。更绝的是过了两天,忽问学生"那几首梅花诗,怎么没有提到呢"?这个问题没有讨论,是因为不重要吗?不!"梅花香自苦寒来",正是这个没有讨论的问题是你的根本啊!只有像梅花那样修炼,才能"打得一拳开,免得百拳来"。

这次养浩然正气的实战,着实享受了一下风行水上的快哉,美!

4.2.3 科研资金管理模式

"身后有余忘缩手,眼前无路想回头"。钱这个妖魔鬼怪,要将其邪气驱走,正气留住,这需要有好的管理对策。结合生态经济小组的实际情况,拟采用如下的管理措施。主要有4点:①为了避免作茧自缚,聘请工作人员❶对小组经费进行集中管理,阻止"各得其私"❷,让研究人员腾出时间做自己该做的事情。②为了减少求荣取辱的影响,拟采用"共荣辱"的对策。正式研究人员的津贴,将根据职称每年按研究所平均绩效水平发放。如果小组经费多或发不出,一起协商讨论后采用同比例进退原则来处理。同时,根据职称为每名研究人员提供一定的办公费用。标准拟如下:研究员5万元,副研究员3万元,助研2万元。③为了减少研究生干"积薪自焚"的事情,出差采用统一核算制度,提前核算清楚出差每人的花费,从机制上减少"乱报差旅费"的问题。④采用提高研究生战斗力的长效机制。目前研究生的助学津贴已经足够,学习期间野外考察拟不发放补助,减少花费,积累经费;研究生毕业后,因为面对工作的巨大压力,小组将根据其学习期间的表现,允许其从小组申请4万~5万元的经费,继续完成自己的事情。这样一可以缓解找工作给他们带来的影响,二可以减少"钱"这个邪神的负面影响,提高研究生在学习期间的战斗力。

拟采用的管理办法,实质是还权给大家,大家共同管理,一是减少自己的烦恼,二好让自己能有时间专注培养学生的道和德问题。

5 结语

"长河落日云端下,快哉雄风海上来"。中国科学院是一片神圣的科研圣地,导师身上的快哉雄风,快哉雄风之道,这在老一辈科研工作者身上肯定也有体现,你我本就是一直享受着风行水上快哉的一池春水。17年前自与先生不期而遇至今,我一直就有近水楼台的优势。然而,令人惭愧的是,一直为快哉雄风所笼罩而对其结构和道浑然不知。难道是"不识庐山真面目,只缘身在此山中"所能解释的吗?不,现在可以肯定,是修炼不够!

学无止境,道亦无止境。这里揭开的快哉雄风之道,也只是风中那朵雨做的云的一孔之见。尽管如此,其喜悦心情是难以言表的,有诗为证:"万山不许一溪奔,拦得溪声日夜喧。待到前头山脚尽,堂堂溪水出前村"。这里拿出来把示君,是想交流修炼心得,同时希望你我都加紧修炼,倍增自己的浩然正气。寒旱所尽管船大好抗风,但也缺少船小好调头的优势。这里要说明的是:如果沉浸在"论画以形似,赋诗必此诗"的工作中,还不时和

---

❶ 拟返聘图书馆洪明,她同时可以管理资料室,使资料室活起来。

❷ 实际这也是对科研人员的一种保护。

钱这个妖魔鬼怪沆瀣一气，不修炼，在科研的大海中航行时，就会遇到“蛟龙无生气，不如鼠横行”的风险啊！这是你我都不愿意看到的。同声相应，同气相求，你我本就是那拔地通天群体中的一员，血脉中原本就流荡着这样的精神和气节。让我们携起手来，一起通过修炼揭开那弥漫于科学院上空神秘的“道”吧！长期以来，我为自己是中国科学院的一名科研人员感到无比的光荣和自豪，我为自己是先生的一名学生感到无比的荣幸。当然，我也希望科学院，先生等老一辈的科学家能因为我的存在而感到光荣和自豪，自己在享受“风行水上涣”快哉的同时，能对“涣有丘”给出新的诠释。这段路很长，路漫漫其修远兮，让我们一起来慢慢欣赏沿途的风光吧。

“但愿若干年后，我能结出一点属于自己的思想之果，来报答冰川所这片神奇、美丽的科学圣地对我的厚爱”，这是我博士论文致谢上的结束语。不知此文是否可算对自己十多年前承诺的一个答复。

注：本章参考文献多为大众熟悉书目，在文中已说明出处，在此从略。

10 幸福之路——生态经济涣有丘的序幕

摘要:在体会到风行水上快乐的基础上,本章拉开了生态经济发展涣有丘的序幕。首先阐述了科研人员需要修炼的原因。其次详细介绍了大团队成员的修炼目标——走上将真善美统一在一起的幸福之路;对幸福之路进行了解耦,阐述了它与科研人员之道的联系;分析了幸福之路中存在的误区,剖析了团队成员不正确的思想意识和行为;讨论了修炼的方向和阶段性。接着讨论了大师是否大的问题,并详细说明了团队成员要靠自己修炼一起走上幸福之路成为大师。然后,分析了程国栋先生风行水上的三步舞曲,指出幸福之路就是"焕有丘"的凝聚剂,"涣有丘"就是先生未竟的第三曲,是在生态经济舞台上对程氏理论的大翻唱。最后,结合最近的实践,叙说了正逐渐拉开的生态经济"涣有丘"的序幕;给出了团队成员翩翩起舞的方向;并对团队建设模式作了补充说明。这里的阐释对个人的发展、团队的建设、和谐社会的建设具有重要的指导意义。

在漫漫的时间长河里,你我都是一朵浪花。一朵浪花的翩翩起舞通常只是昙花一现,重要的是浪花手挽手翩翩起舞,才能呈现风水相激的壮观景象。风行水上原本就不是一个什么艺术概念,而是天地人和谐的一种境界。能否达到这种境界,那就要看修炼啦。

真理是喜欢公开交易的。由于享受到了风行水上的快哉,自己的体会、自己的经验、自己的目的、自己的意图、自己的想法和搞法,现在已经到了可以公开说明的时候。本章的目的很简单,就是希望借幸福之路,在若干年后生态经济小组能上演"涣有丘,匪夷所思"的曲目。如果这条路能给其他的科研团队提供一点值得借鉴的东西,帮助他们关上忧郁之门打开幸福之门,那就应可算完成了一件难能可贵的事情。

1 科研人员要修炼

1.1 手挽手翩翩起舞——需要修炼

人本身是多种矛盾力量的综合体,身上有正有邪、有爱有恨、有喜有忧、有甜有苦等各种矛盾的力量。而且,这些矛盾力量甚至还能演变成新的矛盾力量,如爱恨调顺不好会演变成情仇。人要使自己的内心和顺就需要调控这些矛盾的力量。否则,他们就会像孙悟空在妖精肚子里一样,"翻跟头,竖蜻蜓,大耍金箍棒",将你折腾得够惨。猫捕鼠,犬守门,让五官各司其职;鱼入深渊,人居平土,让五官各得其所,这是需要费番工夫的。另外,一个人在工作和生活中要跟团队成员、同事等打交道,跟天地万物打交道。活得舒适,也就是人要与周围的人文环境和自然环境达到一种和谐的状态。但是,周围的人也与自己一样是多种矛盾力量的综合体,他们对人、对事也有自己的看法或思想。由于都受主观偏好的影响,人的看法或思想五花八门,甚至矛盾对立,所以通常很难统一调顺。要想统一调顺,需要一起修炼。

个人通过静以修身的修炼,做到心中坦然,即使能不因外物、遭遇的影响而伤害自己的本性,做到不以物喜,不以己悲,但这也只是个人的幸福,是一种小幸福。那何谓大幸福呢?是指人能与周围的人和环境处于一种和谐的状态,能将自己的幸福传递影响周围的人的,也能享受周围人传递过来的幸福。不要去传递什么忧伤和悲愁。只是找寻大幸福,因为对象的变化,需要尽量做到能知言知事知人,也就是知道言辞的本原、事情的根本、行动的根源,这只有"不畏浮云遮望眼"才有可能。只有这样才能统一调顺各人身上矛盾的力量,一起手挽手翩翩起舞,一起走上大幸福之路。显然,这需要一起修炼,而且是与静以修身完全不同的一种修炼。一起修炼就能找到大快乐和幸福?不一定!要看你修炼的结果如何。但"君子学道则爱人,小人学道则易使也",大家一起修炼最起码是在正确的道路上前进。

1.2 人人皆可成大师——值得修炼

王阳明《传习录》中认为:"所以为圣者,在纯乎天理,而不在才力也。故虽凡人,而肯为学,使此心纯乎天理,则亦可为圣人"。讲的是人内心深处,天生便有"良知",人只要顺应天理,将"良知"挖掘出来,便可做到道德上的自我完善,每个人都可以成为圣人。人人皆可成圣人,何况大师。结合自己的理解,这里先给出大师的定义。所谓大师,就是学为人师、行为世范的那些人。通俗一点而言,就是从他身上你能学到东西,能帮助你革新观念,让你体会到生活的快乐幸福,同时还能把快乐和幸福带给周围的人,成就大快乐和大幸福的人。有意思的是,我们经常打着灯笼火把到处找大师,还经常讨论大楼里面怎么不出大师这样的问题。怕就怕的这一点,身在山林却向往钟鼎,迷恋危楼之舞筵歌席。其实这不足为怪,因为对一般的小我来说,大师身上的东西本来就大得根本无踪迹可寻。要看到大师身上隐形的金腰带那是不容易的,需要艰苦的修炼,只有修炼到能享受风行水上的快乐,才能得其言,且知其所以言,才能与大师共鸣,才能拿走不修炼的人不识的"金镶玉"。关于到底怎样的是大师,后面解耦幸福之路时,拉开生态经济小组的涣有丘序幕时还会对此进行讨论。

人作为万物之灵,本就是浩然正气和阴阳怪气的统一体。每个人本就是"潜在的大师",只是阴阳怪气过多,遮盖住了真面目而已。人皆可圣,要在克己;道非弗及,贵能自新。确实如此,克己自新难。人有才能不难,难是难在将自己的才能发挥出来,讲的也是同样的道理。修炼就是驱散掉自己身上的阴阳怪气,扩大发挥自己的浩然正气。如此,不仅能自己享受幸福,并将幸福传递给周围的人,成就大快乐和大幸福,显然也就成了大师。哦,原来如此,没有必要对周围的大师那么顶礼膜拜吧!

总结来看,"潜在的"大师通过修炼,显然都可以成为大师,所以值得修炼。

1.3 等闲难识春风面——不修炼不行

不修炼,等闲而随波逐流,结果是比较可怕的。轻则只是不识春风面,等老来白了少年头,空悲切。重则迷路在歧途,却怨天尤人变成愤青,孤芳自伤(不是赏)。纳兰性德的

"人生若只如初见,何苦秋风悲画扇;等闲变却故人心,却道故人心易变"是对此很好的写照。这不仅如字面上的适合于家庭,而且也适合于团队。要过上幸福的生活,避免出现上述结果,显然不修炼不行。

2　幸福之路解耦分析

2.1　幸福之路解耦

2.1.1　人类发展的最终目标:真善美的统一

真善美的世界,是人类社会的最高理想,是一切人类活动的终极指向。尽管关于真善美的涵义各有各的说法,各有所长,难分伯仲。这里撇开概念上的争论,先观其反面对应的事情,"假恶丑"可都是人想丢到垃圾堆里的东西。显然,将真善美作为追求目标是恰当的,因为即使实现不了目标,也肯定是朝正确的方向前进。

需要说明的是,真善美并不是一成不变的,是随着时间、地点、对象、社会实践的变化而发展变化的。有名的刻舟求剑、荆人袭宋、引婴投江、宋襄公治军的故事就是明证。另外,真善美的目标需要统一,因为人性本身就是多方面的,需求也是多方面的,偏向单方面不好,当然更不能将真善美的追求弄成某些专门人士的"私有财产"。结合科研人员工作的特点,将真善美界定为下属目标:工作上的求真,行为上的求善,生活中的求美。其中美是指人与人的和谐、人与自然的和谐这样的大美[1]。并将这三个目标通过理性思想指导的言行统一到了幸福之路上。

2.1.2　幸福之路解耦

凡是有价值的目标、正确的道路等都不能太模糊,要逻辑清晰方便追寻,才会有人追寻,否则会搞成空中楼阁成了虚无主义。幸福之路也是如此。基于这样的想法,图 10.1 勾勒了幸福之路解耦的结构图。

从图 10.1 可知,幸福之路主要分为思想、理性思想、行为与和谐四个环节。其中:①思想有两个输入,实心的是指科研人员从书本接受的间接知识;虚心的是指从人情、世事等无字书上接受的知识,用虚线表示是因为这样接受知识通常比较难[2]。人的大脑将各种知识接受进来加工形成各种各样的思想。②理性思想是指大脑对各种思想进行判断后,抽象总结出自己认为合适恰当的思想,科研人员就是靠它来指导自己的科研活动的,这以真为最高目标。③言行专指科研人员跟周围的人打交道的言论和行为[3],言行也是

---

[1] 王国维.朱光潜都提倡"大人者不失其赤子之心",重视真,并以此为美。这里认为这种以真为美是种小美,保留了真善美的说法,将他们统一到了幸福之路上。

[2] 曹雪芹的"世事洞明皆学问,人情练达即文章",苏格拉底的"美德就是善,美德就是知识"是对这种知识的一种很好的说明。

[3] 当然,科研人员要有行为才能进行科学探索。但为了简化分析,假设科研人员探索真理只同物打交道,而且在图 10.1 中理性思想那里忽略了科研人员跟人打交道的行为。

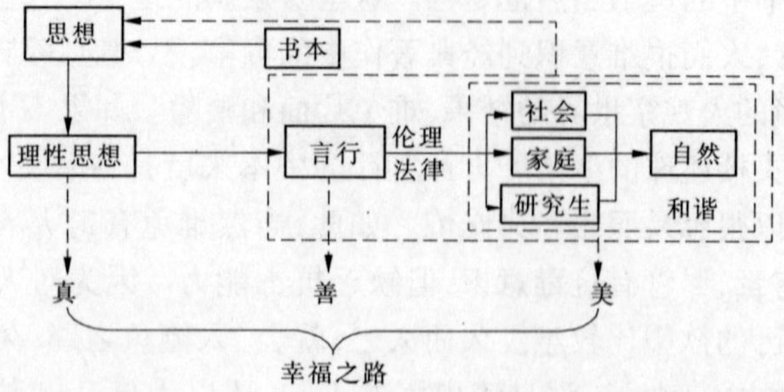

图 10.1　幸福之路解耦图

科研人员理性思想指导的结果，这以善为最高目标。后面会解释思想是自由的，而言行是受约束的，这也是图中将言行乃至后面的和谐用虚线框框住的原因。④和谐是指科研人员与研究生、家庭和社会之间，甚至自然之间所处的一种状态，和谐过程中主要传递的是言行。这里以美为最高目标，认为和谐就是美，是一种大美。

需要注意的是，上述四个环节构成了一个反馈回路，除了大虚线框中的行为与和谐反馈回思想外，思想的实心输入书本原本也是人们追求真善美过程中一些经验的总结，只是在图中没有标示出来而已。

总结来看，幸福之路就是科研人员从自己的思想中抽象总结出理性思想后，靠此指导探询真理的道路；根据自己的理性思想采取行为，追求善的道路；并通过自己的言行实现人与人之间和谐、人与万物之间和谐的道路。通过理性思想指导的言行，幸福之路将上述三条路统一在了一起。

2.1.3　与科研人员之道的联系

按上述幸福之路解耦的结构，其中思想和理性思想环节对应科研人员之道中的“十年铸一剑”，言行和和谐环节对应“江海纳百川”。图 10.1 中虚线框与思想之间的虚线联系对应着“十年铸一剑”和“江海纳百川”中的那睹墙。如果能从虚线框中借鉴经验，读出知识，就能感受到更大的力量，自己也能产生更大的力量。对韩愈“不依形而立，不恃力不行，不待生而存，不随死而亡”也会有新的体会。

2.2　幸福之路中的误区

幸福之路的上述四个环节中都含有主观成分，难免受到主观蒙蔽或感性等因素的影响，因而存在误区甚至陷阱，稍不小心就会走上岔路，被引入歧途。

2.2.1　思想中的误区

由图 10.1 可知，人的思想意识主要有两种知识来源，一是书本，二是人情和世事。由于人见识有长短，胸怀有宽窄，加上经历和成长环境千差万别，因而在接受知识形成思想的时候存在深浅的问题。有些知识接受不了，如一般很难从人情和世事等无字书中吸收有益的营养。除此而外，还有一个吸“养”和吸“毒”的问题。例如，不好的社会风气就是无字书中毒;有字书中的黄书当然也是毒。这里要强调的是,在一些涉及思想的经典著作中也存在毒。通常,人们很难意识到经典著作中的毒素,不知道其结论也是一个人像自己一样戴着有色眼镜的人观察世界的结果,难免片面和狭隘。如果不了解这一点,当然缺乏抗毒意识,经常干买椟还珠的事情。再加上社会中本来就是审音者少,传声者多,应声虫和井底之蛙多,所以很容易照搬经典修炼。如此,当然难免有走火入魔的风险。另外,即使知道无字书中有毒,尽管有抗毒意识,但缺乏抗毒能力。因为对人来说,通常放纵七情六欲容易,克制自己的欲望比较难。久而久之,就会"入鲍鱼之肆,久而不闻其臭"。更重要的是,由于在染缸中染久了,浑身漆黑浑然不知,还以为自己出淤泥而不染,天然去雕饰。这样,当然就意识不到无字书中还有养分的问题,更谈不上吸收了。

显然,人的思想意识本身就难说是完全纯洁的,而是一种多种矛盾力量组成的综合体。如果这些矛盾的力量调控不好,在思想上难免会有误入歧途的风险。

2.2.2　理性思想中的误区

人决策通常是从自己的思想中抽象总结出来自己认为是理性的思想,然后再据此采取行动。根据上面谈到的思想中的误区,可以知道通常人是很难从中抽象总结出真正理性的思想的。而且由于人本身的缺陷,更难认识到理性的思想中还存在局限性;另外,加上真理本身也是动态变化的,这更使找到真正理性的思想难上加难。

显然,人所抽象总结的理性思想往往也具有局限性,只是因为人本身的弱点,都将自己选择的理性思想至高无上化,在歧途上奔走却浑然不知而已。

2.2.3　言行中的误区

通常,人的行为是受自己抽象总结的理性思想驱使的。当然也有例外,比如女性就经常靠自己的感性来支配自己的行为。除了前面讲的理性思想中存在误区外,实际上,理性思想和言行还存在一个非常大的区别[1]。通常,人的思想和理性的思想都是自己一个人的事情,它有完全的自由,宣扬"自由之思想"似乎有多此一举的嫌疑。而行为与此完全不同,行为一旦发生,就要与周围的人和环境发生关系(人文环境),就必然受到人文环境的约束而不能随心所欲。除此而外,还需要认识到,人文环境对思想的自由有很大的影响。科研人员对此都深有体会,适宜的工作环境、和谐的家庭关系和同事关系是自己科研工作的一种基本保障。和自己的家庭成员、研究生和同事打交道,大家各有各理性的思想,要想达成和谐的状态,决非易事。何况从更宽广的角度来看,打交道的对象还有不言语的自然界呢。怎么办呢? 社会为了创造一个和谐的环境,就会形成一些伦理道德标准,制定一些法律来约束人的行为。显然,不能简单采用"独立之精神"——靠自己,靠自己由于不是从和谐的角度考虑,结果和谐只能是空中楼阁;而且更可怕的是,采用"独立的

[1] 如"知行合一"一样,理性思想和言行之间实际上也要维持一种辩证关系,没有思想,言行会索然无味,没有言行,思想可能也难得周全。而且,中间还夹杂着情感的作用。对此,这里采用二元论的处理手法是为了让阐述清晰简洁,图 10.1 中虚线框上反馈到思想的虚线箭头可以视为对思想和言行之间辩证关系的处理。就如理论接受实践的检验后再反馈回来补充完善理论一样。

精神”,会无视“和谐”中潜伏的更大的力量,根本谈不上吸收问题。

正是因为理性思想和言行之间存在上述区别,所以觉得“三思而后行”深有其道理。

2.2.4 理性思想和言行的合适性

是不是存在判断理性思想和言行是否合适的标准呢?尽我所知,应该是不存在。即使存在标准,标准也要因人因时因地而宜。而且他们与万事万物一样,本身就存在两面性,任何的理性思想和言行,都是积极和消极、正和邪等相互伴生的,而且还是不断演化的,标准也会复杂到人靠潜意识难以掌握的程度。尽管如此,也不是完全没有掌控办法,理性思想可以看是否抓住了问题的根本,言行可以看是否符合实际情况,应可以作为一个类似于标准的标准。理性思想是否抓住了问题的根本,这要求有灵活和开阔的思维方式,通常主导系统演化的是慢变量或一些隐形的变量或关系。这方面可参考本书第3章的阐述。言行是否符合实际情况,这要因时因地因人而异。一般而言,言行要慎重,因为言行的最终目的是求善,非三思而后行很可能就是自找摩擦力。当然也不能凡事三缄其口,被人当成呆若木鸡。这里有一个度需要掌握。说实在的,对此我也是腹中无货,只能略谈点自己的体会,读者尽管扬弃就是。

(1)知言行之本原,就是要能抓住言行的根本所在。知言之本原就是知其言,还能知其所以言;知行之本原就是知其然,还能知其所以然。如果能做到这一点,那时发出的言行一般就能符合实际情况。

(2)要辩证地看待言行。言行有极端和适度、局部和全面、相对和绝对、短期和持久、给予和接受等区分。这里谈一下其中我认为重要的两点。一是言行的给予和接受。日常生活中,经常会听到:“我教了你这么多遍,怎么还没有搞懂”,“我给了你那么多爱,怎么没有反应”。对此,如果能颠倒过来,想想是否是接受的问题,很可能就会豁然开朗。二是短期行为和持久行为。常说的匹夫之勇和大勇就是对短期和长期行为一种很好的说明。“匹夫见辱,拔剑而起,挺身而斗,此不足为勇也;夫有大勇者,卒然临之而不惊,无故加之而不怒,此其所挟持者甚大,而其志甚远也”。对科研工作者来说,更要认识到持久行为的重要性,因为行为的效果也有短期和长期之分。通常进入和模仿越困难,取得成果后带来的回报也越多。有持久行为,科研工作中才会有真正的创新。“器大者声必闳,志高者意必远”,讲的也是这样的道理。在实际生活中,一个人如果不能审音,甚至是不能审清角之音,而轻易对人对事妄加评论,难免经常会干自取其辱的蠢事。

(3)在更宽广的视野内审视行为的合适性。孟子《齐人有一妻一妾者》讲,一个人如果将自己追求功名富贵的方式告诉老婆,如果老婆不哭泣,这自古是比较少的。如果言行能对爱人讲,他或她不感到羞愧,一般来说,那样的言行也是合适的。

2.3 团队成员不正确的思想意识和行为剖析

团队成员由于成长环境、经历和能力差异很大,加上加入团队的动机和目的也不同。因此,肯定存在诸多不正确的思想意识和行为,阻碍科研团队向大美的方向演化。这里挑选典型的3例进行分析。

2.3.1 玩物丧志

玩物丧志谁不知道？科研国家队的人员怎么会犯这种低级错误，晚上办公室都灯火通明在搞创新工作。是的，知道道理你懂，但是这里要说的是你言行不一致，你实际上在做玩物丧志的事情。

写文章是玩物吗？弄课题是玩物吗？答案是显然的。这都是单位鼓励的，也是科学院鼓励的啊，而且还直接与绩效挂钩啊。是啊，但存在的并不都是全部合理的，其中也带有不合理的成分，这里有一个度的问题需要把握。下面简要阐述一下过度追求文章和课题不好的后果。①自然科学的文章很多都是鼓励你算小账，算多了，自然会产生以小自限的负面作用，忽视算大账。②文章数量多，反面就是文章里面真正的东西少。实际上自己只是在传音，而且还有不小心传错的风险。③课题多、文章多很可能让你作茧自缚[1]，无暇出乎其外，将中学教科书上学的孟子的“天将降大任于斯人也”抛到脑后，忽视甚至不能看到主导个人发展的一些慢的、隐性的主导因素，搞不清楚小我和大我的关系。④跟风会让你失去自我。拿课题多少、文章多少来考核大家，不正是说明管理层不知道审音吗？趋恶风而行时，要知道还有“出淤泥而不染，濯清涟而不妖”的道理。

2.3.2 顾盼自雄和自暴自弃

顾盼自雄是人间再平常不过的事情。科研人员因都读过一些书，所以此点表现更甚。人过于自大或自信，存在的最大问题是难以用欣赏的眼光看待周围的万物，从而移形换影[2]对他来说简直是天方夜谭。如此，让自己根本看不到自身之外那种更强大的力量，无法从中吸收营养，当然自己也就无法变得更强大。经常犯这方面错误的，可以练练降龙十八掌中的亢龙有悔。

自暴自弃是顾盼自雄的反面，在科研人员当中其实也是一种普遍存在的现象。与顾盼自雄相比，自暴自弃对个人的发展危害更大，是典型的缺乏自信的表现。自暴自弃通常是见识短，不知道不是自己身上没有才能，而是没有发挥出来的道理。典型的是，等闲不知前程还有几多路，缺少化劣势为优势的能力。对自暴自弃者或有这方面倾向的人来说，杨雄的《逐贫赋》和韩愈的《送穷文》值得一读，孟子的“天将降大任于斯人也”最好是要背得。

下面再解释一种普通情况。通常，人看到别人成功，都觉得其是时势使然，是机会好而已。认为他的可为是因为他有可为之时势，殊不知，自己也可在不可为之时作出可为之事。庸夫高枕而认为是时不可为，难道这不是很悲哀吗？与“等闲变却故人心，却道故心易变”没有什么区别，最多是五十步笑百步的关系。这里谈这点主要是说人除了适应环境外，还可以创造和改变环境。对自己的发展来说，除了适应，适应不了怨天尤人外，还存在如何放大自己身上的浩然正气的问题。就自己的能力来说，除了提高，提高不了自叹不如外，还有发挥自己能力的问题。值得注意的是，如何放大、如何发挥都是我们通常忽视

---

[1] 弄课题的负面作用，在第9章中有更详细的说明。

[2] 详细可参考第9章。

的问题。

2.3.3 自私得小利,大私得大利

自私自利,也是人皆有之的事情。自私自利之心过重,容易让人患得患失,计较小事;考虑问题的时候容易从自身的角度出发,容易使自己掩盖或者歪曲事情的真相,也容易为假象蒙蔽;做事情的时候比较急,而且难以持久。其坏处可谓人所共知。去私的大道理有很多,比如“天无私覆,地无私载,日月无私照”,“天下为公”,“大公无私”等。大家都知道这些大道理的实际结果怎样,不用多费笔墨。这里颠倒一下解释方法,讲一下大私大利的事情,当然其效果还要接受实践的检验。“窃钩者诛,窃国者侯”,同样都是窃,结果差别很大。那对私而言,是否也存在同样的道理呢。是的,“私己利小,私团队利大”,其道理在第8章中有说明,可以参考。

其实科研人员不正确的思想意识或行为还有很多,这里不可能一一列举。“世乱则圣哲奔腾而雀跃,世治则庸夫高枕而无忧”。现在是盛世,可我们是否正像庸夫一样高枕无忧呢?是否也能让圣贤奔腾雀跃呢?这难道不是我们应该思考的问题!

2.4 修炼的方向和阶段性分析

除了上面讲的幸福之路中的误区和科研人员的一些错误思想意识外,还需要注意修炼的方向和修炼的阶段问题。

首先看修炼的方向。前已述及,图10.1中虚线框内部分对应科研人员之道中的江海纳百川,外围的思想和理性思想对应于十年铸一剑。通常十年铸一剑强调向外用功,格物穷理;江海纳百川强调向内用功,格心致知。通常科研人员要两者兼修,而对团队成员家属而言,需主修江海纳百川,辅修十年铸一剑。二者的关系在第9章中有解释。

接着看修炼的阶段。“少年不识愁滋味,却爱上层楼,为赋新词强说愁;老来识尽愁滋味,当欲说还休,只能道天凉好个秋”。这说明的是,人生在不同的阶段做的事情和想的事情是不一样的,人做事情要注意阶段性,就像真理是变化的一样,人做的事情要符合自己的实际情况。起步的研究人员是要适当玩点物的,否则未入其中,怎能出乎其外呢。因此,科研人员首先要想办法加强十年铸一剑的修炼,因为这是科研人员的根本所在。如果此点不行,江海纳百川只能是空中楼阁。

3 靠自己走上幸福之路

3.1 大师真大吗?

大师真大吗?这个问题确实不好回答。因为一般大师都不是自己封的,而是公众赐予的,最起码是掌握了话语权的,能代表公众的公众封的。为什么要讨论这个问题呢?因为凡是大师,其言行作品都是精品,而且影响深远,公众很容易忽视其中的毒素,不扬弃而

全盘接受过来顶礼膜拜。需要说明的是,这里进行评论不是为了亵渎老先生而沽名钓誉。事实上我还觉得他们的名字取得好,所以能成名,还有点恼火自己的名字怎么不豪气。这里进行评论是为了澄清思想,好让生态经济小组走上幸福之路。当然评论也是个人的一孔之见,局限难免,不妥之处你不妨痛骂:“放屁放屁,真正岂有此理”!扬弃掉就是。评论选用的例子是范岱年2004年12月31日发表在科学时报B2版上的《从陈寅恪、胡先骕看传统文化与科学精神》。为了方便后面发表评论,在原文中用符号①②等标明了点评点。因原文太长,这里只是缩略地抄录了文章的内容。

3.1.1　范岱年文缩略介绍

陈寅恪(1890—1969)是20世纪我国的史学大师,隋唐史家。1948年当选为中央研究院院士,1955年当选为中国科学院学部委员……

胡先骕(1894—1968)是我国现代植物学奠基人之一……1948年当选为中央研究院院士……中国科学院植物研究所研究员……①

这两位先生都是对传统文化很有素养的人,也是真正具有科学精神的人②。

在20世纪50年代初……像陈垣、金岳霖、冯友兰这样的大师纷纷检讨……在当时的政治气氛下,陈寅恪、胡先骕两位先生却表现出坚持真理的科学精神。③

1953年中国科学院拟聘陈寅恪为第二历史研究所所长……陈在复信中写道:“我认为研究学术最主要的是要具有自由的意志和独立的精神……独立精神和自由意志是必须争的,且需以生死力争④。……我绝不反对现在政权,在宣统三年时就在瑞士读过资本论全文。但我认为不能先存马列主义见解,再研究学术。我要带的徒弟都要有自由思想、独立精神。不要这样,即不是我的学生⑤。”所以他提出就任所长的条件:“一、允许研究所不宗奉马列主义,并不学习政治⑥;二、请毛公和刘公给一允许证明书,以作挡箭牌⑦。”中国科学院没有接受陈的条件……

1955年3月,胡先骕编写的《植物分类学见编》由高教出版社出版发行。其中有批评李森科的内容:“……‘苏联的植物学家先后发表了上百篇论文,对李森科的观点作了极其深刻的批评,大部分否定了他的观点。’……予以根本否定……不至于被引入迷途”⑧……1955年10月28日至31日,中国科学院和全国科联联合召开大会批判了胡先骕……科学院竺副院长奉命到胡家劝胡检讨,被胡拒绝。1956年在提出双百方针时,中共中央发现对胡的批评有问题。7月1日,竺副院长到胡府登门道歉⑨……

……他们都在文革中遭受迫害,先后去世。⑩

陈、胡为什么有这种反潮流的科学精神?㈠

他们有一个共同点,就是都是学衡派成员……他们主张“论究学术,阐求真理,昌明国粹,融化新知。以中正㈡之眼光,行批评之职事,无偏无党,不激不随㈢”……

……胡先骕于1960年整理了一生诗稿,请钱钟书代为精选,印成上下两卷,由钱钟书作跋。陈寅恪则有《寅恪先生诗存》与《陈寅恪诗集》。这些都表明他们对传统文化有很深的造诣㈣。

陈寅恪早在1929年做王国维纪念碑铭中写道:“惟此独立之精神,自由之思想,历千万祀,与天地而同久,共三光而永光㈤。”他认为,只有这样,才能“发扬真理,研究学术”

㈥。所以他在1953年对中国科学院的复信,是体现了他早期形成的人生信念。自由、独立的概念,显然来自西方文化㈦。但陈、胡二人,面对巨大的压力,敢于坚持真理,坚持科学精神,显然也是中国“士”的“威武不能屈”的“浩然正气”的体现㈧。

什么是有利于科学技术发展的人文环境?我认为那就是允许、鼓励、提倡“独立之精神,自由之思想”的人文环境㈨。但是,反过来,我们要问:为什么要发展科学技术?这是为了要“以人为本”,是为了一切人都能自由发展㈩,为了使一切都能有“独立之精神,自由之思想”。

3.1.2 点评

①头衔很大,很多,一看就知是大师驾到。

②真有传统文化素养吗?从后文㈣处看应是指能写诗词?真如此,显然没有理解什么是传统文化。什么是科学精神?从后文可知,作者对此没有审音,照搬了陈的“自由之思想,独立之精神”,估计是为大师的头衔吓倒。

③其他检讨的还能称为大师吗?估计作者这里使用的是反语。

④独立精神和自由意志要争什么?有谁能拿走!另外,还要以生死力争,难免过于偏激,违反了第㈢条。“天行健,君子以自强不息,地势坤,君子以厚得载物”是《周易》里的名句,也是清华的校训啊。

⑤过于偏激,违反了第㈢点。由第①条知,尽管陈寅恪是隋唐史家,但犯了隋文帝同样的错误,隋文帝节俭也要求别人同样节俭。另外,孔夫子的“有教无类”,林则徐“海纳百川,有容乃大;笔立千仞,无欲则刚”的座右铭,这些传统文化陈大师难道都不知道。

⑥马列主义很大程度上就是去掉利己主义吧,人心去私,难道不能去掉一些蒙蔽思想的因素吗?这应该更有利于探求真理啊。第⑤点处陈大师曾提到自己读过资本论全文,不知是否读懂?另外,共产党员要大公无私,为人民服务是党的宗旨,搞学问难道不是为了更好地为人民服务?提出此条件,应该是没有搞清楚马列主义是什么,不是以欣赏的眼光看待边上的新生政权,显然不知道新生政权是革命先烈拿生命换来的自由。更不知道这里面潜伏着巨大的力量,自以为是过甚。

⑦不欣赏对方,显然很难和对方引起共鸣,提此要求显然就是痴人说梦。

⑧批评李森科苏联早开展了,胡先骕本只是传声,但传得过于偏激,违反了文中的第㈢点。

⑨科学院领导知错能改,陈、胡二位大师倒固执得厉害。知错和固执的差别主要在于能否开展自我批评上,也就是能否自省上。

⑩是真的遭受迫害吗?恐怕也与陈、胡二位大师不会变通,不识时务有关吧。

㈠不会反潮流的就是科学精神吧,顺潮流借力的难道是伪科学精神。

㈡怎么知道自己的眼光一定中正,这里有先入为主的嫌疑。举一例说明:有一次本所研究生面试,问及共产党的宗旨,学生答不上。有领导说是实事求是,也有人说是为人民服务。其实这二者就主体存在明显的区别,就实事求是而言,什么是实事?谁的声音大就是谁说了算,这里显然领导是决策主体;而为人民服务就不一样,事情是否为人民服务,那要由人民来判断,其决策主体是人民。

㈢陈、胡二位大师的行为显然与自己的主张不符,言行不一致。

㈣会写几首诗,就是对传统文化有很深的造诣,范岱年难道不知道二位大师小时候是学古文的。

㈤王国维的小,我在《论科研团队建设》中有评论,这里也留下了陈大师的小。看苏东坡的《韩文公庙碑》就可知:"匹夫而为百世师,一言而为天下法。是皆有以参天地之化,关盛衰之运"。不能从世事中吸收知识,怎能与天地同久。

㈥这点肯定是谬论。结晶牛胰岛素的研究成果不是差点得了诺贝尔奖吗?

㈦显然没有扬弃的精神,不知道是不是看到了独立宣言,看到了自由女神就化妆搬过来了。

㈧海纳百川、厚德载物难道不是大地母亲身上的浩然正气?显然,陈、胡二位大师身上没有这种正气。

㈨显然作者在这里只是传声,得其言,未得其所以言。另外,作者在此未提及怎么创造良好的科学技术发展的人文环境,似对独立二字缺乏理解。

㈩国父孙中山的三民主义里面没有民主。另外,思想本就是自由的,但发展能自由吗?

鉴上所述,陈、胡二位大师学为人师不知道,但其行能为世范吗?"寅恪"之名与其行相符吗?相信读者可以自己给出结论了。我收藏了此文近7年,现看来是深受其毒害。特点评之,以清除其中的毒素,恢复科学精神的面目,促进生态经济研究小组能更好地前进。依笔者愚见,这篇讨论传统文化与科学精神的文章,只在文中第⑨点处潜伏了传统文化与科学精神之间的关系,而这种精神恰恰是隐含在人事当中!处在陈大师的科学精神避之不及之处。目前,中国人对诺贝尔奖推崇备至,那些得主简直是大师中的大师的大师。结合目前的国际形势,我忽然想问:"那些正准备占领华尔街的美国的99%,不知道他们怎么看美国的那些经济学诺贝尔奖得主"?

3.2 靠自己走上幸福之路

3.2.1 普通人的幸福之路

依上所述,这里勾勒的是普通人的幸福之路。其核心是"十年铸一剑"和"江海纳百川"的修炼,也就是格物和格心同时修炼。强调的是,个人在自强不息增长见识的同时,还要去掉蒙蔽,扩大胸怀,从人情、世事中吸取知识,反过来增长自己的见识。让"十年铸一剑"和"江海纳百川"之间形成一个良性循环,从而个人自身能不断完善,在找到幸福的同时,并将幸福带给周围的人,形成大幸福。

3.2.2 靠自己走上幸福之路

幸福之路在哪里?真是踏破铁鞋无觅处,但得来确实要费番工夫,原来答案在自己身上。确实如此,要靠自己修炼来取得。信自己,信身边精彩起舞的你,信世间最终会美,信四海许多正气。本着上述信念,开始修炼,揭示自己身上的浩然正气,相信就可以走上幸福之路。

大背景本身就为我们提供了翩翩起舞的环境。目前,共产党正带领我们走在人间正道上。共产党艰苦奋斗的精神,为人民服务的宗旨,充满了世间的浩然正气。目前,有些腐败分子弄脏了党的身体,甚至还大搞弹冠相庆之能事,弄得表面上满眼乌烟瘴气。殊不知,党是最喜欢洗澡的,淋浴一下,小荷就露尖尖角;淋浴不行,那到西湖击水,淡妆浓抹总相宜吧;击水不行,那到南海冲浪,总能浪遏飞舟吧;冲浪不行,那刮骨疗伤,白骨精还不灰飞烟灭。我想,用不着请那个"独立寒秋"的老人家再吟"已是悬崖百丈冰,犹有花之俏"了吧!

人站在岸上有时身上满是污垢,如此不妨下水洗一洗,最起码可以洗掉污垢,说不定还能享受到风行水上的快哉,进而可以和周围的人一起翩翩起舞,一起走上大幸福之路。

3.2.3　走上幸福之路的要点总结

根据前面的分析,走上幸福之路有很多需要注意的地方。这里总结了7点,供大家参考。

(1)信自己,信身边精彩起舞的你,信世间最终会美,信四海许多正气。

(2)区别英雄之言与常人之识,能反省自己认识的局限性,找到真正的幸福之路。

(3)区分思想和行为。思想是自由的,而行为却受到周围的环境约束。

(4)看人看行为,而不是听嘴上说的。要努力从周围的贤人、环境中学习知识。

(5)辩证地看待事情,注意正反,注意相对和绝对、短期和长期、极端和适度、局部和全面等问题。

(6)知行合一,耳朵要长在脚上。尽管在追求幸福的过程中存在很多误区,但人本身就是万物之灵,尽管可能片面,但通常提炼出的理性思想也差不到哪里去。重要的是行动,在行动中不断地反思、总结学习。

(7)少一点顾盼自雄,要知道改变自己,欣赏别人。

4　程先生风行水上三步舞曲

程先生扎根西北工作40多年,在冻土、生态水文和遥感研究方面成果蜚然。"谁见七十龙钟叟,马踏飞燕星满天"。当然,生态经济也不甘落后,因为一直也在暗自欣赏和体会先生快哉雄风的华丽舞步。这里列示先生已完成的二步舞曲,并对未竟的第三曲进行了简单的勾勒,供大家欣赏。当然,也希望你在欣赏时,能加入一起共舞。

4.1　第一曲——冰水交融

1982年3月发表在《中国科学》上的《厚层地下冰的形成过程》,是先生格物的代表作品,也是先生跳的精彩的第一曲。现将其摘要抄录如下:“本文提出了厚层地下冰是由重复分凝作用形成的新见解。它与下列作用有关:(1)由多年冻土自下而上冻结时,水分向冻结锋面处迁移和成冰;(2)未冻水的不等量迁移规律(冷季活动层中未冻水的向上迁移;自下而上冻结时,冻结锋面后方冻土中的水分迁移和成冰;暖季融化界面下仍然冻结的土中水分迁移和成冰等作用的联合效应);(3)冰的自净;(4)地表加积造成的地下冰的共生生长;(5)上述作用年复一年地重复。据此,确立了一种新的地下冰类型——重复分凝冰。”

为了让大家更好地欣赏第一曲,现对其摘要进行翻写:“快哉雄风飘然而至,来到了多年冻土处,突发雅兴想自编自导跳一曲。(1)喊来了冰和水两兄弟助兴;(2)风、冰、水舞蹈了一番,冰水就是踏不上节奏,搞得有点扫兴。看来得玩点花样,风于是变化温度,刚一变,啊!冰水就已经开始狂欢,交融场景非常壮观,连一向“呆板”的土也加入了舞蹈阵容。看来对冰水这两个舞蹈演员还得另眼相看。诶!冰这家伙还真有两把刷子:(3)能十年铸一剑,(4)也能江海纳百川。最后雄风实在跳累了,但不忘谢幕:(5)各位观众朋友,希望大家有空多看几次,看得越久越能看到美哦。快哉,多美的舞曲,自己都折服啦!”

总结来看,第一曲的看点是快哉雄风的温度。

4.2　第二曲——风行水上涣

先生跳的精彩的第二曲是《风行水上——论科研人员的道》。这一次,快哉雄风来到了生态经济这个小水池上面。突发雅兴,想看看风水相合的殊状异态。这一次,水这一组舞蹈演员确实给力,与雄风一起尽展了风水相激的壮观场景,还给舞曲取名“风行水上涣”。这一曲双方都跳得酣畅淋漓,甚至有水被雄风吹到高空成了一朵云。曲终人散时,雄风也是意犹未尽,风中飘忽而来“下次再来搞出点有创意的舞曲”。

总结来看,第二曲的看点是雄风的结构,是靠风行水上生出的涟漪映射出的风的结构。

4.3　第三曲——涣有丘

怎么能搞出新意啊?水正在苦思苦想时,还好三胞胎兄弟之一的冰来了。兄弟间简单地寒暄了几句后,冰问:“兄弟你为何这般苦恼?”当知道原因后,却道:“这有何难,兄弟我有一策”;“兄弟啊,雄风的第一曲和名闻天下的“冷却路基”剑法不都是在我们兄弟身上做文章吗,答案在我们兄弟身上”。啊!简直是醍醐灌顶,第三曲要风、冰、水一起表演。哦,还有,他在中央电视台《大家》访谈中大谈的幸福,不就是我们手挽手舞蹈的凝聚剂吗!来,一起手挽手演绎“涣有丘”。

第三曲“涣有丘”尽管还未上演,相信只要像第一曲那样,将幸福之路当成温度,风、冰、水就能呈现匪夷所思的奇观场景——“虚拟冰”。让我们共同期待生态经济发展“涣有丘”的那一天。

5　生态经济的“涣有丘”序幕

5.1　揭开的序幕

知行要合一,见得到也就作得出。在《风行水上——论科研人员的道》一文出来后,生态经济小组就开始拉开“涣有丘”的序幕。在学习风行水上一文后,布置了两个阅读理解题目让团队成员学习和思考。一是黑河流域科学计划基金分配是否公平的问题?接风行水上一文,继续培养团队成员抓问题根本的能力。二是为什么要鼓吹风行水上一文?原因在培养团队成员抓问题根本能力的基础上,开始贯彻运用欣赏的办法,并在大家有答案后召开了大团队会议,一起讨论了答案,并作了简略的幸福之路报告。讨论完后,组织大团队成员一起前往华山实地修炼体会。下面对前两个问题进行简要回答,并简单地谈一下实地修炼的体会。尽管这里的情怀有深浅,但需要注意的是引导的方向,生态经济小组现在已经开始引导团队成员从世事、人情中学习知识。

5.1.1　黑河流域科学计划基金分配是否公平的问题?

流域科学计划是国家自然科学基金委的重大研究计划,程先生是负责人。资金分配两个回合下来,寒旱所好像分了近一半。有人因此指责,认为流域科学计划资金分配是不公平的,寒旱所分多了。认为不公平者,其实他的原因很简单,科研水平没有北京的高,但拿得多,所以不公平。真的是这样吗?从事情根本的角度来看,并非如此?流域科学计划的目的是把流域科学计划搞好,哪些人最能把流域科学计划搞好,那资金就应流到这些科研人员身上。北京的科研人员他们水平是高,但他们本身资金也多;寒旱所的尽管水平可能稍差,但他们把黑河当家搞。结合先生的五个馒头论,很明显,饿着肚子,捕鼠技能还要锻炼,但还想抓老鼠的猫,与那些捕鼠技能高,但长得像企鹅,成天想着吃鱼的猫相比,谁捕的鼠多?这是不言自明的。所以,认为流域科学基金计划的分配是相对合理的。

5.1.2　为什么鼓吹风行水上一文?

这个问题的原因有点复杂。表面的原因有:①值得吹:风行水上,自成文理,是天下之至文。②有的吹:没养点浩然气,能有千里快哉风吗?③应该吹:浩然正气应该吹,要传播出去。深层的原因有:①吸引你的注意力到值得欣赏的地方,去看去找团队的共同愿景。②吹就是欣赏。要吹就要审音,否则只是传声。深浅自见!③吹是欣赏,也是创造的开始,拉开的是”涣有丘”的序幕。④如果真会吹,就能感受到吹还有正反馈机制,能把自己吹入仙境,享受到其中的快哉。

5.1.3　华山之行的收获

2011年10月14日到16日,生态经济小组11人进行了华山之游,收获很多,这里简单介绍其中重要的两点。

(1)旅途租车的收获

事情非常简单,十一人达到华山火车站时已经晚上 9 点多,当时已没了公共汽车。有三个年轻的小伙,硬要拉我们,但开价是一辆车 40 元,我们坐三辆车,总共 120 元。在讨价还价过程中,车价硬是说不下来,而且他们的气势还很嚣张,很有当地霸主的味道。当时宾馆又不派车来接,情形好似如果不坐他们的车,我们就走不了。确实,我们当时也有和他们和解坐他们车的想法。正在进退维谷之时,一个当时在边上看我们讨价还价的司机开着面包车要求将我们送到宾馆,100 元欣然成交。在路上,司机说了一句:"你知道他们是什么人不? 我是说宾馆给我打了电话,要我将你们送过去,本来只要 60 块就可以,但这趟要 100"。这句话让人回味长久。

是啊! 这不正是外面那种更强大的力量吗? 司机想出的好计确实我们想不出来。如果他人的好计能为我们所用,生活中当然是可以多些快哉的。

(2)登华山的收获

一到华山西线脚下,扑面而来的是华山的奇险和雄伟;进门不久,就见河中刻有"脱俗"的大字,人一下也感到神清气爽了不少;沿途登山,如过千尺幢,过苍龙岭,一直都能感受到华山的奇险与雄伟。登到中峰,除了有"势飞白云外,倒影黄河中"的感受外,最重要的是遥望着天外三峰,能强烈体会到华山"一剑怒拔指苍穹"的气势。

反观团队的发展,先生对我"在通幽处略加点拔,搞得水曲柳都想成栋梁"的手法,现在不正在团队中应用吗。生态经济的发展何时能如华山一样,倚天接云端啊! 在展望目标的同时,自然想到了如何开始,答案可能就在进山的地方,"脱俗"! 在实际生活中怎么"脱俗",是不是"去私"呢? 去私是不是寡欲,更进一步,"寡欲能寡到无不,还是需要养心而至"?

5.2　翩翩起舞的方向

对科研人员来说,除了知道要起舞和怎样起舞外,当然知道起舞的方向更好,这样舞蹈的步调就能一致。对于学科的发展方向,在第 6 章中有详细的阐述,读者可以参考。这里简单介绍一下自己目前想探讨的"开山斧法四式",当然也希望若干年后能交上答卷。

5.2.1　事情两面性的综合评价

任何事情都同时具有两面性,有阴有阳,有正有邪,有积极有消极等。目前的评价工作中大多只注意到了问题的一面,如何综合考虑事情的两面性,以及两面性之间的联系,并对其进行综合评价是需要展开的研究内容之一。

5.2.2　生产力和生产关系的研究

生产力的研究是目前经济、管理等学科重点研究的内容,增长方程得诺贝尔经济学奖的有很多。但是,很多研究都疏忽了生产力变化时也会引起的生产关系的变化。相对生产力的研究来说,生产关系的研究更无形,其影响因素更多。更重要的是,生产关系是生产力和恢复力这两种相互对抗的作用力作用后衍生的事物形态。

5.2.3 人文因素作用的研究

人文因素五花八门，目前也没有统一的分类标准。比如制度、社会资本和文化类型的划分，这三种人文因素既有共同处，也各有不同的地方。如何划分人文因素，如何甄别他们对社会经济发展或者环境的作用。王阳明的格心方法可以一试，如能“致良知”当可找到各种人文因素中的共同之处。通常，致良知后养心比靠寡欲来去私，相对而言要容易一些。

5.2.4 时间的消费问题

尽管讨论消费的文献很多，大多集中在效用、成本等方面。实际对人来说，消费的共同点是一个时间问题。时间问题是个比较复杂的问题，比如人与人之间的强欺弱，弱者先倒下，但强者忘记了时间也在收自己，只是表现出来慢一点而已。究竟是谁负谁胜真不好评价。另外，时间的价值又怎么评价？类似的问题还有很多。这是今后需要研究的方向之一。

5.3 团队建设模式补充

生态经济小组的建设模式，在风行水上一文的基础上，参考《第五项修炼》，这里进行一下更新并补充 2 点。

(1) 颠倒自我超越的修炼，改成信自己，靠自己和周围的人一起修炼走上幸福之路。

(2) 改善心智模式的修炼，改成戴上欣赏的眼镜，进行移形换影的修炼；重读孟子的“天将降大任于斯人”，学习亢龙有悔的掌法，体会逆境与顺境的转化关系。

(3) 构建共同的愿景：先生年纪大了，不能再让他马踏风燕星满天，最好是解读其“月明林下信闲步”的剧本，然后团队成员手挽手翩翩起舞，演绎“百舸争流，鹰击长空，鱼翔浅底，万类霜天竞自由”的画卷。

(4) 明确更高层次团体学习的内容，是要从周围的人事、万物中学习知识。

(5) 系统的思考强调抓问题的根本，开展去蒙蔽的反思修炼，注意英雄之言与常人评论之间的差别，找到自己的幸福之路。

(6) 团队经费的管理尽量采用去私的管理模式。

(7) 团队成员开阔胸襟的修炼，注意寡欲和养心的区别。

总结来看，生态经济团队建设的目标是增加团队成员调顺自己身上不同的阴阳作用力的能力。

6 结语

“以大爱之心关爱我们的团队，以大美之魂铸造我们的团队，让我们一起手挽手翩翩起舞；看风生水起之波澜，享风起云涌之状况，共赏涣有丘之奇迹”。生态经济小组成员赵雪雁教授的短信是对本章的一种高度概括。

来！来！来！让我们肩负着“涣有丘”的抱负，让我们携带着“赏荷团湖中，悠然见青山”的心情，让我们舒展着“七剑下青山”的豪情，一起将风行水上第一曲在生态经济舞台上翻版成千年咏叹调，成就我们自己的大幸福。

注：本章参考文献多为大众熟悉书目，在文中已说明出处，在此从略。

后 记

本书主要是最近十年来,两位作者之间师生互动的产物,也是风生水起的过程在生态经济研究中的具体体现。

风生水起好运来,说是这么说,这些年来,自己在科研的征程中既没有拾得什么宝贝,也没有找到发财致富的途径。倒是随着生活阅历的增加,多了一份对世事的体会,开始思考一些人生的根本问题。人为什么有快乐和痛苦的感觉呢?这很可能源自本身的欲望与自身能力的不对称。当欲望超过能力范围时,人想得到的东西得不到,这时候人就会感到痛苦;如果能力超过欲望,那能力就会有一定的闲置,人就会有怀才不遇的感觉,也会感到痛苦。这样看来,一个幸福的人生,关键并不在于减少欲望或增加能力,而是在于使自身的欲望和能力相匹配。从这个角度来看,幸福的人生就是要将生活纳入自己的能力范围内。这样人的心灵就能保持宁静,人的生活就会有条理,人也就会感到快乐和幸福。

在写后记的时候,自己已经感觉到精力已明显不如十年前。不知不觉已经人到中年,到了"知天命"的时候。于是找来谌容的《人到中年》再读,自己确实已像陆文婷一样,悄悄地成了默默无闻的众多中年人中的一个。既然是从事可持续发展研究的,当然不能像陆文婷那样累倒在工作岗位上,要可持续的前进。具体到生态经济研究,就是不能求一时走得飞快,求的是能够走得更稳、更久、更远。人到中年,已经开始慢慢知道自己这辈子能够拥有的和不能拥有的。有了这样的体会,也就开始尝试将自己的能力和欲望控制在合适的范围内,慢慢开始懂得遇到怎样的机遇就做怎样的事情。净心方能行久,我相信,在未来的道路上,只要能有欣赏的眼光,默默前行应该也可能收获另外的风景。

读书要能自出见解,一些科研大家通常都是靠"新"、"奇"、"怪"的路数在科学大厦中找到自己合适的位置的。因能力的关系,我不求如此,只是希望在科研的道路上,一步一步慢慢地前行,偶尔能体会一下风行水上的快乐,传递其中的快哉,这也做了一件事情。当前社会的价值取向,对这种发展模式不大有利。然而,依靠先贤明睿的才智,如果能做好科研精神的传承工作,相信自己也会有后劲,生态经济小组自会有更远大的发展。照此模式,也许会有那么一天,风生水起好运来,自己真的能捡到一个什么宝贝。当然这很可能是奢望,更现实一点的目标是,自己在退休时,能写出一本称得上"经典"的生态经济学方面的著作,对得起自己。

尊敬的读者,如果有幸能得到您针对本书或生态经济研究方面的反馈指导或建议,那将是我莫大的荣幸。我的邮件地址:xzmin@ lzb. ac. cn。让我们携起手来,为促进我国生态经济研究的发展贡献一点自己的微薄之力。

徐中民

2012 年 7 月 17 日

生态经济译库珍藏本系列

花开富贵珍藏本:《生态经济学》(第一版)
云卷云舒珍藏本:《增长与发展》
溪行山中珍藏本:《统一地理学》
珠落玉盘珍藏本:《生态经济学》(第二版)
雁荡风清珍藏本:《文化理论》
疏影暗香珍藏本:《生态:上升性视角》
枫叶如丹珍藏本:《生态经济学学习手册》
乘风破浪珍藏本:《生态经济学中的消费》

生态经济文库珍藏本系列

日出其中珍藏本:《生态经济的研究进展:理论篇》
行云流水珍藏本:《张掖转型的理论与实践:静看蜂教诲》
宁静致远珍藏本:《东乡灾后重建资源环境承载能力评价》
清风徐来珍藏本:《甘肃省生态补偿机制研究》

译库文库待印珍藏本系列

大漠孤烟珍藏本:【可持续或是崩溃】
水流花开珍藏本:【集成的水资源管理研究】
九天揽月珍藏本:【第三窗口】
大江东去珍藏本:【生态经济的研究进展:实践篇】